温室小拱棚育苗

温室＋拱棚嫁接育苗

黄瓜徒长苗

黄瓜嫁接苗

1

去夹后的黄瓜嫁接苗

黄瓜工厂化育苗

定植前的黄瓜苗

黄籽南瓜砧木

露地黄瓜栽培滴灌技术

露地黄瓜栽培

日光温室＋地膜覆盖黄瓜栽培

日光温室黄瓜栽培

3

设施黄瓜栽培行间覆盖玉米秸秆

大棚黄瓜多层覆盖栽培

大棚黄瓜地膜覆盖栽培
（后墙挂反光膜）

日光温室黄瓜栽培

小拱棚黄瓜栽培

优化的日光温室结构

竹木结构大棚

黄瓜叶片低温冷害状

黄瓜叶脉低温冷害状

黄瓜施肥过量，叶片镶金边状

黄瓜尖嘴瓜

黄瓜弯瓜

6

黄瓜白粉病病叶

 黄瓜靶斑病病叶

黄瓜病毒病病叶

 黄瓜灰霉病病瓜

黄瓜霜霉病重症状态

黄瓜霜霉病病叶正面

黄瓜霜霉病病叶背面

黄瓜线虫病危害状

北方蔬菜周年生产技术丛书

黄瓜周年生产关键技术问答

主　编

戴素英　曹岩坡

编著者

代　鹏　尹庆珍　张立永

岳晓历　江振兴　刘卫华

金盾出版社

内 容 提 要

本书是"北方蔬菜周年生产技术丛书"的一个分册,以问答的形式对黄瓜周年生产关键技术进行了系统的介绍。内容包括:概述,黄瓜的生物学特性及对环境条件的要求,黄瓜品种选择,黄瓜育苗技术,露地黄瓜栽培技术,大棚黄瓜栽培技术,日光温室黄瓜栽培技术,黄瓜病虫害防治技术等。本书内容全面系统,语言通俗易懂,技术先进实用,适合广大菜农、基层农业技术人员阅读,也可供农业院校相关专业师生参考。

图书在版编目(CIP)数据

黄瓜周年生产关键技术问答/戴素英,曹岩坡主编. -- 北京:金盾出版社,2012.10
(北方蔬菜周年生产技术丛书)
ISBN 978-7-5082-7821-6

Ⅰ.①黄… Ⅱ.①戴…②曹… Ⅲ.①黄瓜—蔬菜园艺—问题解答 Ⅳ.①S642.2-44

中国版本图书馆 CIP 数据核字(2012)第 176756 号

金盾出版社出版、总发行
北京太平路 5 号(地铁万寿路站往南)
邮政编码:100036 电话:68214039 83219215
传真:68276683 网址:www.jdcbs.cn
封面印刷:北京印刷一厂
彩页正文印刷:北京燕华印刷厂
装订:北京燕华印刷厂
各地新华书店经销
开本:850×1168 1/32 印张:4.75 彩页:8 字数:83 千字
2012 年 10 月第 1 版第 1 次印刷
印数:1~7 000 册 定价:10.00 元
(凡购买金盾出版社的图书,如有缺页、
倒页、脱页者,本社发行部负责调换)

目　录

一、概 述

1. 黄瓜原产何处？栽培历史有多久？

黄瓜为葫芦科蔓生草本植物。原产于温暖湿润的印度西北部喜马拉雅山脉南麓,古代由印度分两路传入我国。一路是公元前 122 年汉武帝时代,从波斯的巴库托利亚由丝绸之路经新疆带回我国北方,经驯化形成华北型黄瓜。另一路是从印度和东南亚等地经水路(海路)传入华南,经驯化形成华南型黄瓜。我国黄瓜栽培已有 2 000 年的历史。受生态条件变化及生产者长期选择的影响,在我国不同生态条件下培育出了大量的优良黄瓜品种。因此,我国已成为黄瓜的次生起源中心。丰富的品种资源和悠久的栽培历史,为我国黄瓜生产提供了十分有利的条件。

2. 黄瓜在蔬菜生产中的地位如何？

目前,我国黄瓜栽培已遍及全国各地。由于黄瓜营养丰富,清脆可口,是人们一年四季餐桌上不可缺少的主要蔬菜。黄瓜在我国北方不但露地广泛种植,而且也是保护地主栽蔬菜之一。随着人们生活的需求和生产技术

1

的不断发展,保护地栽培形式呈现多样化,并日臻完善和不断创新,由传统的阳畦栽培和简易日光温室栽培发展到塑料薄膜覆盖栽培(包括小棚、大棚、地膜覆盖以及多层覆盖栽培)和规模较大、结构更加合理的温室栽培,温室大棚建筑材料也不断改进,在很大程度上改善了黄瓜栽培条件,延长了黄瓜生产期,增加了黄瓜供应量,实现了周年生产和周年供应,从而提高了黄瓜种植收益和在蔬菜生产中的地位。

3. 黄瓜的营养价值及保健作用是什么?

黄瓜既清脆可口又营养丰富,含有蛋白质、脂肪、碳水化合物、多种维生素、纤维素以及钙、磷、铁、钾、钠、镁等丰富的营养成分。

黄瓜味甘性凉,能清血除热,利尿解毒;籽可以接骨,藤汁可镇痉、降血压和降低胆固醇,根可解毒;果蒂富含的葫芦素具有抗肿瘤的作用,可提高人体免疫功能,起到抗肿瘤作用。此外,该物质还可治疗慢性肝炎和迁延性肝炎,对原发性肝癌患者有延长生存期作用。黄瓜中还含有黄瓜酶,有很强的生物活性,能有效地促进机体的新陈代谢,因此常用黄瓜片或黄瓜汁擦脸可祛斑嫩肤,舒展皱纹。尤其是黄瓜中含有的细纤维素,可以降低血液中胆固醇、甘油三酯的含量,促进肠管蠕动,加速废物排泄,改善人体新陈代谢。据日本研究报道,嗜烟酒和喜食过咸食物的人容易患食管癌,常吃黄瓜可以减少其危害。

黄瓜中所含的丙氨酸、精氨酸和谷氨酰胺对肝脏病患者，特别是对酒精性肝硬化患者有一定辅助治疗作用，可防治酒精中毒。黄瓜中所含的葡萄糖苷、果糖等不参与通常的糖代谢，故糖尿病患者以黄瓜代淀粉类食物充饥，血糖非但不会升高，甚至会降低。新鲜黄瓜中含有的丙醇二酸，还能有效地抑制碳水化合物转化为脂肪。因此，常吃黄瓜可以减肥和预防冠心病的发生。此外，黄瓜中的纤维素对促进人体肠道内腐败物质的排除和降低胆固醇有一定作用，能强身健体；黄瓜含有维生素 B_1，对改善大脑和神经系统功能有利，能安神定志，辅助治疗失眠症；富含维生素 E，可以促进细胞分裂，起到延年益寿，延缓衰老的作用。

4. 黄瓜周年生产主要茬口安排是什么？

黄瓜主要有露地栽培和保护地栽培。露地栽培有春、夏、秋 3 个主要茬口；保护地栽培根据设施条件和栽培季节不同分为日光温室冬春茬、秋冬茬、冬茬，塑料大棚春提早、秋延后，塑料小拱棚等主要茬口。合理安排茬口，黄瓜可四季栽培，周年供应市场，获得高产高效益。各地由于季节和气候的差异，茬口不尽相同。冀中南地区黄瓜周年生产主要茬口如表 1 所示。

表 1　冀中南地区黄瓜周年生产主要茬口安排

茬　口	播种期	定植期	收获期
日光温室冬春茬	12 月中下旬	翌年 2 月上中旬	3 月上中旬至 5～6 月份
日光温室秋冬茬	8 月中下旬至 9 月初	9 月中下旬	10 月中下旬至翌年 1 月份
日光温室越冬茬（一年一大茬）	9 月中旬至 10 月中旬	10 月中下旬至 11 月中下旬	11 月上旬至翌年 5～6 月份
大棚春提前	2 月上中旬	3 月下旬至 4 月初	4 月下旬至 6～7 月份
大棚秋延后	7 月下旬直播	——	9 月下旬至 11 月上旬
中小棚春提早	2 月中下旬	4 月上旬	5 月上旬至 7 月份
双膜覆盖春提早	2 月中下旬	4 月上旬	5 月上旬至 7 月份
露地春茬	3 月上中旬	4 月中下旬	6 月下旬至 7 月下旬
露地夏茬	5 月下旬至 6 月中旬直播	——	7 月中下旬至 8 月下旬
露地秋茬	7 月上中旬直播	——	9 月上中旬

5. 黄瓜周年生产茬口安排应注意哪些问题?

第一,保护地和露地生产茬口相配合可实现黄瓜的周年生产和周年供应。但不论是露地生产还是保护地各种设施生产,均应考虑经济效益。因此,各生产茬口的盛瓜期要尽量错开,争取把盛瓜期安排在节日期间,争取提早上市,以取得高效益。

第二,要把盛瓜期安排在最适宜的季节,以取得高产高效益,并减少管理难度和生产损失。例如,目前节能型日光温室冬季一大茬黄瓜生产,往往只看到春节期间黄瓜价格高,而春节前后却是一年中光照最弱、日照时数最短、温度最低的季节,不利于黄瓜生长发育,再加上其他因素,往往达不到预期的效益。节能型日光温室若进行一年两茬制生产,即冬春茬和秋冬茬,可以充分利用3～6月份和9～11月份光热资源,获得高产高效益。

第三,日光温室等设施投资很高,为提高设施的利用率,可适当安排间套作种植,解决保护地设施存在的"夏闲"和"冬闲"的问题。

第四,注意与其他蔬菜作物轮作倒茬,以减轻土传病害和土壤次生盐渍化发生。

二、黄瓜的生物学特性及对环境条件的要求

1. 黄瓜主要器官有哪些？其特性是什么？

黄瓜与其他绿色开花植物一样,有根、茎、叶、花、果实、种子六大器官组成。

(1)根 黄瓜的根系分为主根、侧根和不定根。主要特点是:①根系入土浅,根量少,主要根群分布在5～25厘米的耕层内。因此,黄瓜根系占有肥水空间小,吸肥、吸水能力差。②根的木栓化早,损伤之后很难恢复。黄瓜根很容易木栓老化,生产中要护根育苗并及早移栽。③根系对氧气要求严格,因此生产中应多施有机肥,保持土壤疏松,以保证黄瓜根系从土壤中得到充足氧气。④黄瓜根系喜肥但吸收能力差,施肥宜少量多次;喜湿又怕涝,耐旱能力差,要小水勤浇,土壤相对湿度保持60%～90%。⑤黄瓜根系不耐低温,又怕高温。其生长适温为20℃～30℃,长期低于12℃不能正常生长,高于30℃,呼吸过旺,易引起根系枯萎。

(2)茎 黄瓜的茎蔓细长、中空、五棱,并生有刚毛,5～6节后节间开始伸长,不能直立生长,此时需立支架或吊绳固定茎蔓。茎蔓长度取决于黄瓜类型、品种和栽培条件。早熟春黄瓜类型茎较短且侧枝少,中、晚熟的夏黄

瓜和秋黄瓜类型茎较长且侧枝多,茎的粗细、颜色深浅和刚毛强度是植株长势强弱和产量高低的标志。

(3)**叶** 黄瓜的叶分为子叶和真叶。健壮子叶肥大色深,平展且形状好。子叶储藏和制造养分是幼苗早期主要的营养来源。黄瓜真叶叶片薄、大,对不良环境条件适应能力差,表现为喜湿耐旱又怕高湿,喜温不耐寒又怕干热,喜光不耐弱光,易受病虫危害、机械伤害和气体侵害等特点。生产上可以用叶的形态表现来诊断植株所处的环境条件是否适宜,以指导生产。

(4)**花** 黄瓜为雌雄同株异花,个别为两性花。不同品种雌花出现的早晚、雄雌花的比例存在差异,更重要的是与育苗期环境条件影响有着密切关系。第一雌花着生节位及雌花节比例是评价黄瓜品种早熟性和丰产性的重要指标。黄瓜第一雌花着生节位越低、雌花节比例越高,对于黄瓜早熟、丰产越有利。

(5)**果实** 黄瓜果实为假果,是子房下陷于花托之中由子房与花托合并形成的。黄瓜果实为筒形至长棒状,通常开花后8~18天达到商品成熟。黄瓜可以不经过授粉受精而结果,称为单性结实。嫩果颜色有绿色、深绿色、绿白色、白色等,果面光滑或有棱、瘤、刺;老熟果黄白色至棕褐色,有时果面有裂纹。短果形品种生长速度较慢,长果形品种较快。黄瓜果实生长速度和产量与品种、温度、光照、水分、营养状况等因素关系很大。在相同的环境条件下,早熟品种黄瓜生长速度快于晚熟品种。同一品种在气温低、光照弱、瓜蔓弱、有机物质积累少的条件下,果实发育慢,从雌花开放到采收需 15～20 天;在温度适宜,光照充足,植株生长旺盛时,果实发育速度快,从开花到采收仅需 8 天左右。在果实生长时期,若受到不良环境的影响,或管理不当,往往会出现尖嘴(化瓜)、小头、大肚(大头)、弯曲、短形、细腰、溜肩、裂果等几种畸形瓜。这些现象的出现,大多是由于环境条件或栽培管理不适宜,影响植株的正常生理代谢,使植株生长衰弱,或是由于生长后期植株吸收同化机能下降或病虫的危害,均会影响同化产物的形成和积累。在缺乏营养或营养过剩的条件下,授粉受精不良,更会加剧畸形瓜、僵瓜、化瓜现象的出现。

(6)种子 黄瓜种子为长椭圆形,扁平,黄白色。一般每个果实有种子 100～300 粒,栽培品种的种子千粒重 23～42 克。种子无生理休眠,但需后熟,种子生理成熟约需 45 天。种子发芽寿命可达 4～5 年,生产上多采用 1～2 年的种子。浸种前必须充分搓洗,以利种子吸水和呼吸。种子饱满并储藏在低温条件下,可延长使用寿命。

2. 黄瓜花芽分化有什么特点? 什么时间进行?

黄瓜花芽分化的特点:一是早熟性,二是性型可塑性。这两个特点在黄瓜栽培中非常重要,只要利用得好,就可早熟增产,获得更高的经济效益。雌花出现的节位与数目,与品种和外界环境条件有关。花芽分化初期为两性花,以后当条件有利于雌花发育时,雄蕊发育停止,雌蕊发育形成雌花;反之,则形成雄花。

　　黄瓜在幼苗期进行花芽分化,突出特点是花芽分化早,一般从黄瓜播种 10 天后,第一片真叶展开时,生长点已分化 12 节,但性型未定;第二片真叶展开时,叶芽已分化 14～16 节,第三至第五节花的性型已确定;第七片叶展开时,第二十六节叶芽已分化,花芽分化到 23 节时,16 节花芽性型已定。生产中,应掌握幼苗期生长发育规律,创造适宜的环境条件,培育黄瓜壮苗,为早熟丰产打下基础。

3. 影响黄瓜花芽分化的因素有哪些?

　　(1)温度　黄瓜花芽分化时,白天温度应保持 25℃左右,以利于光合作用的进行,夜间将温度降至 13℃～15℃,抑制呼吸消耗,有利于黄瓜体内营养物质的积累,能明显地增加雌花数量并降低雌花节位。

　　(2)光照　黄瓜属日照中性植物,缩短光照时间有利于雌花分化。降低夜间温度的同时,缩短日照时数,可增加雌花数量,降低雌花节位。适宜的日照数为 8～10 小时。

　　(3)水分　黄瓜雌花分化要求较高的空气湿度和土壤湿度,而干旱则有利于雄花的形成。适宜的空气相对湿度为 80％,土壤相对湿度为 80％～90％。

　　(4)营养　苗床土肥沃,氮、磷、钾配合适当,多施磷肥,可降低雌花节位,并多形成雌花;而钾肥能促进形成雄花,不宜多施,要适量。

(5)**气体** 土壤含氧量10%左右利于形成雌花,低于2%时植株生长不好,也影响花芽分化。苗期增加空气中二氧化碳的浓度,不仅可抑制瓜苗呼吸作用,还可提高光合效率,有利于雌花形成。

(6)**植物生长调节剂** 乙烯利、萘乙酸、吲哚乙酸和矮壮素等植物生长调节剂,均有促进雌花分化的作用,赤霉素含量多时则增加雄花;生产上多采用乙烯利,但乙烯利有抑制生长的作用,使用时应慎重。秋黄瓜育苗时,喷施150~200毫克/升乙烯利溶液,能增加雌花数量,降低雌花节位。

4. 黄瓜生长发育分几个时期? 各有什么特点?

黄瓜的生长发育周期是指从种子发芽至新种子形成的过程,可分为发芽期、幼苗期、初花期和结果期。从生产栽培意义上讲,黄瓜生长发育周期的长短因栽培形式和栽培季节而异。全生育期露地春黄瓜为90~120天,露地秋黄瓜为80~90天,保护地栽培可使黄瓜生育期延长,如日光温室黄瓜生育期可达150~270天。

(1)**发芽期** 黄瓜从种子萌发到第一片真叶出现为发芽期。种子发芽适温为25℃~30℃,发芽期5~6天。发芽期完全靠种子自身储藏的养分供给胚根和子叶生长。

(2)**幼苗期** 黄瓜从第一片真叶出现至4~5片真叶

为幼苗期。此期 30～40 天,大部分的花芽在幼苗期分化和发育,幼苗期是黄瓜栽培的关键时期,是产量形成的基础。

(3)**初花期** 从 4～5 片真叶展开至第一雌花开放、根瓜坐住为初花期,也称甩蔓期,约需 20 天。此期是营养生长向生殖生长过渡的时期,发育特点主要是根、茎、叶形成和发展,其次是花芽继续分化,花数不断增加。

(4)**结果期** 从根瓜坐住至拉秧为结果期。结果期的长短因栽培形式、环境条件、管理水平不同而异,夏、秋栽培黄瓜约需 40 天,越冬栽培可长达120～150 天。结瓜期的特点是营养生长和生殖生长同时进行,连续不断地开花结瓜,根系、主蔓及侧枝连续生长。

5. 如何调节黄瓜营养生长与生殖生长之间的平衡?

黄瓜营养生长是指根、茎、叶的生长;生殖生长是指花、果的生长。前者包括发芽期和幼苗期,后者包括花芽分化期、开花期、结果期。黄瓜生长发育突出的特点是在开花结果期营养生长和生殖生长同步进行,科学调节营养生长和生殖生长的平衡是黄瓜高产高效的关键技术。

黄瓜生殖器官生长所需的养分是由营养器官提供的,营养生长不良,生殖器官也发育不好,营养生长过旺,养分大多消耗于营养器官的生长上,造成秧苗的徒长,对生殖器官生长也不利。生殖器官的生长,要消耗较多的碳水化合物和含氮物质,也会对营养生长和花器官的形成及幼果的生长起到抑制作用。在生产中为调节二者的平衡协调生长,常采用控制水分、变温管理、整枝、摘心、及时采收、喷洒矮壮素等措施。

6. 黄瓜生长发育对温度的要求是什么?

黄瓜喜温但需要一定的温差,不同的生长发育阶段对温度的要求也不同。黄瓜种子最低发芽温度为 13℃,最适发芽温度为 30℃,35℃以上条件下发芽率反而降低;黄瓜根伸长最适宜温度为 32℃,最高温度为 38℃,低于 12℃时根系生理活动受阻,地温以不低于 15℃为宜;低夜温、大温差有利于雌花分化,苗期白天 30℃～32℃、夜间 10℃～14℃,可降低雌花形成节位,增加雌花数量,减少雄花形成;黄瓜最适宜的生长温度为 25℃～32℃,10℃以下生理活动失调,生长发育缓慢或停止生育,5℃～10℃可遭受冷害,在 5℃以下条件下植株可遭受冻害,若经低温锻炼,可耐受 3℃ 的低温;光合作用最适宜温度为 25℃～32℃ ,35℃左右时其同化产量与呼吸消耗处于平衡状态;高于 35℃时其呼吸消耗大于光合产量,40℃以上时引起落花、化瓜,光合作用衰退,代谢功能受阻。

7. 黄瓜生长发育对光照的要求是什么?

黄瓜喜光又耐阴,光补偿点为 2000 勒,光饱和点为 5.5 万勒。育苗时光照不足,则幼苗徒长,难以形成壮苗。

幼苗期 8 小时短日照对雌花分化最为有利,12 小时以上的长日照有促进雄花发生的作用。结瓜期光照不足,则易引起化瓜。强光下其群体光合效率高,生长旺盛,产量明显提高;弱光下叶片光合效能低,特别是下层叶感光微弱,光合能力受到抑制,而呼吸消耗并不减弱,减产严重。

8. 黄瓜生长发育对水分的要求是什么?

黄瓜喜湿、怕涝、不耐旱,要求土壤相对湿度 60%～80%,空气相对湿度白天 70%～80%、夜间 90%。黄瓜不同发育阶段对水分的要求不同,其中发芽期要求水分充足,但土壤相对含水量不能超过 90%,以免烂根;幼苗期与初花期应适当控制水分,土壤相对含水量保持 80%左右为宜,以防止幼苗徒长和沤根;结瓜期为营养生长与生殖生长同步进行,耗水量大,必须及时供水,浇水宜小水勤浇。

9. 黄瓜生长发育对气体的要求是什么?

黄瓜生长发育对气体的要求主要体现在对土壤中氧气含量和大气中二氧化碳浓度高低两个方面。黄瓜根系较浅,要求土壤通气性良好,土壤含氧量以 10%左右为宜。生产上可以通过增施有机肥,排除土壤积水,加强中耕,以防土壤过湿和板结,保持土壤通气性良好。空气中二氧化碳的含量与黄瓜的光合作用密切相关,也直接影

13

响着黄瓜的生长发育。在设施栽培条件下，低温季节通风量小时二氧化碳浓度低，不能满足黄瓜光合作用需要。设施栽培中增施二氧化碳气肥，有促进花芽分化、提早开花、增加雌花、提高产量、改善品质的作用。但长期施用，植株易早衰。因此，生产中可通过增施有机肥、适当追施碳酸氢铵、加强通风换气等措施来增加设施内二氧化碳的含量，提高光合作用，达到增产增收的目的。

10. 黄瓜生长发育对土壤及养分的要求是什么？

黄瓜生长发育对土壤的适应范围比较广，pH 值 5.5～7.2 范围内均能适应。黄瓜的根系较浅，宜选择富含腐殖质、透气性良好、既保肥保水又排水良好的壤土。黏质土壤中栽培黄瓜幼苗生长缓慢，但产量较高；沙质土壤栽培黄瓜发棵快，结瓜早，但易早衰。黄瓜对矿质元素的吸收量以钾为最多，氮次之，再次之为钙、磷、镁等。每生产 1000 千克黄瓜产品需纯氮 2.6～2.8 千克、五氧化二磷 0.9～1.5 千克、氧化钾 3.5～5.6 千克、氧化钙约 3.1 千克、氧化镁约 0.7 千克。各元素吸收量的 80% 以上是在结果以后吸收的，其中 50%～60% 是在收获盛期吸收的。栽培上必须增施有机肥，提高土壤有机质含量和透气性。

三、黄瓜品种选择

1. 黄瓜优良品种有哪些?

(1)冀杂 1 号　河北省农林科学院经济作物研究所选育。较耐低温,早熟,第一雌花着生于 3～4 节,春大棚种植前期产量高,上市早。抗病性强,抗霜霉病、白粉病、角斑病,耐枯萎病。生长势强,丰产,秧蔓节间短,瓜码密,节成性好。有的叶节可同时结 2 个瓜,结瓜盛期一植株上可同时结 3～4 条瓜,每 667 米² 产量 5 000～7 000 千克。瓜秧生长后劲足,拉秧晚。瓜条顺直,瓜长 30 厘米左右,横径 3.5 厘米左右,单瓜重 180～210克。瓜把短。瓜皮深绿,密瘤白刺,瓜瓤淡绿,味甜,品质优良,深受市场欢迎。由于早熟早上市,且早期产量高,商品品质好,市场畅销,经济效益好。适合塑料大棚、中小棚春提早及露地栽培。

(2)冀杂 2 号　河北省农林科学院经济作物研究所选育。植株生长势强,早熟,主蔓结瓜为主。抗霜霉病、枯萎病和灰霉病,中抗白粉病。耐低温弱光,生长后期可耐受 35℃～36℃的高温。瓜条顺直,刺瘤明显,光泽度好,口感脆甜,品质佳,畸形瓜率低。单瓜重 210 克左右。适应性强,不易早衰,持续结瓜能力强,适宜长季节栽培。

越冬栽培每 667 米^2 产量 10 000 千克以上,早春茬栽培每 667 米^2 产量 7 000 千克以上。

(3)**冀春 3 号** 河北省农林科学院经济作物研究所选育。生长势较强,主蔓结瓜为主,第一雌花节位在第四节左右,瓜条生长速度快,坐瓜率高,畸形瓜率低于 15%。抗黄瓜霜霉病、白粉病、枯萎病。口感脆嫩,商品性好,单瓜重 200 克左右。每 667 米^2 产量 5 000 千克左右,前期耐低温,后期耐高温,适合春、秋大棚种植。

(4)**津春 4 号** 天津市黄瓜研究所选育。植株生长势强,株高 2～2.4 米,分枝多。主蔓结瓜为主,侧蔓亦有结瓜能力,并有回头瓜。瓜长棒形,瓜色深绿有光泽,白刺、棱瘤明显。瓜条长约 30 厘米,单瓜重约 200 克,腔心小于瓜粗的 1/2,瓜把约为瓜长的 1/7。瓜肉厚,质脆,味清香,品质佳。抗霜霉病、白粉病和枯萎病能力强。每 667 米^2 产量约 5 500 千克,适合我国各地推广栽培。苗期管理以促和控相结合,定植后注意缓苗,每 667 米^2 苗数以 3 500～4 000 株为宜。结瓜时瓜秧下部容易出现分枝,应将 10 节以下侧枝打掉,中上部出现分枝后,每一分枝留 1 条瓜,见瓜后留 1～2 片叶摘心,以防瓜秧疯长。注意防治蚜虫。

(5)**津春 5 号** 天津市黄瓜研究所选育。早熟,春露地栽培第一雌花节位在 5 节左右,秋季栽培第一雌花节位在 7 节左右。抗霜霉病、白粉病、枯萎病,在多年连茬地有明显的抗病优势。瓜深绿色,刺瘤中等,瓜条顺直,长 33 厘米左右,横径 3 厘米左右,口感脆嫩,商品性状好。

生长势强,主、侧蔓同时结瓜,每 667 米² 产量 4000～5000 千克。腌制出菜率达 56%,是加工鲜食兼用的优良品种。该品种适合早春小拱棚,春、夏露地及秋延后栽培。春露栽培采用阳畦育苗方式,控制昼夜温差培育壮苗,苗龄 30 天左右,3 叶 1 心时定植。主、侧蔓同时结瓜,因此要保证充足的肥水条件,增施磷、钾肥,每 667 米² 苗数以 3500～4000 株为宜。

(6)**中农 6 号**　中国农业科学院蔬菜花卉研究所选育。生长势强,主、侧蔓均可结瓜,第一雌花着生于 3～6 节,每隔 3～5 节出现一雌花。瓜深绿色,无花纹,瘤小,刺密白色,无棱。瓜长 30～35 厘米,横径约 3 厘米,单瓜重 100～150 克,瓜柄短,品质佳,商品性好。抗霜霉病、黄瓜花叶病毒病。每 667 米² 产量 4500～5000 千克。适于华北等地春季露地栽培。华北地区 3 月上旬育苗,苗龄 30～35 天,苗期不宜蹲苗,4 月上旬定植,每 667 米² 苗数 3500～4000 株。侧蔓留 2 叶 1 心摘心。苗期喷 150～200 毫克/升乙烯利溶液,可提高前期的雌花数量,进而提高前期产量。育苗每 667 米² 用种量约 150 克。

(7)**中农 8 号**　中国农业科学院蔬菜花卉研究所选育。生长势强,株高 2 米以上,主、侧蔓结瓜,第一雌花着生于主蔓 4～7 节,每隔 3～5 节出现 1 朵雌花。瓜长棒形,深绿色,有光泽,无花纹,瘤小刺密,白刺,无棱,瓜长 35～40 厘米,横径约 3 厘米,单瓜重 120～150 克,瓜柄短,质脆,味甜,品质佳,商品性极好。抗霜霉病、白粉病及枯萎病。每 667 米² 产量约 5000 千克。适宜各地露地和秋延后栽培，除鲜食以外，也是加工腌渍的优良品种。北京地区保护地秋延后栽培，7月下旬至8月上旬直播，每667米² 苗数3500株左右；露地栽培3月中旬育苗，4月中下旬定植。施足基肥，勤追肥，及时采收，满架前打顶，打掉基部的侧蔓，中上部侧蔓留2叶1心摘心。苗期喷施150～200毫克/升乙烯利溶液，可提高前期产量。春季育苗每667米² 用种量约150克，秋延后直播每667米² 用种量约250克。

(8)春丰　沈阳市农业科学院选育。1988年通过辽宁省农作物品种审定委员会审定。生长势强，无分枝。主蔓高度2米以上，第一雌花着生于主蔓3～4节，雌花间隔节位2～3节，雌花率达40%。主蔓结瓜，每株结瓜8～10个。瓜长棒形，皮深绿色，刺密，白刺，瓜长30～35厘米，横径约4厘米。早熟品种，从播种至采收58天。较抗霜霉病、枯萎病。每667米² 产量约7200千克。适于辽宁省沈阳、鞍山及大连等地春露地、小拱棚、大棚种植。适当早播，沈阳地区3月下旬播种，播种过晚，雌花节位上升，雌花数量少。每667米² 苗数4000株左右为宜。

(9)津优4号　天津市黄瓜研究所选育。植株紧凑，生长势强，主蔓结瓜为主，雌花率40%左右，回头瓜多，侧蔓结瓜后自封顶，较适于密植。每667米² 产量约5500千克。耐热性好，在32℃～34℃高温条件下生长正常。商品性好，瓜条顺直，瓜长约35厘米，瓜色深绿，有光泽，刺瘤明显，白刺，单瓜重约200克，是露地栽培的优良品种。华北地区在3月下旬至4月上旬播种，苗龄30～35

天,每 667 米² 苗数 3500 株左右为宜。从播种至始收 60~70 天,采收期 60~70 天。露地直播,宜采用地膜覆盖。丰产潜力大,需要肥水较多,应以促为主,定植前施足基肥,根瓜坐住后及时追肥。采收中后期加大肥水量,并进行叶面追肥。商品瓜要及时采收。

(10)津优 6 号 天津市黄瓜研究所选育。植株生长势强,主蔓结瓜为主,春季栽培第一雌花着生于第四节左右,雌花节率 50% 左右。瓜条顺直,刺稀少,无瘤,有利于清洗并减少农药的残留。商品性好。瓜条长约 30 厘米,单果重约 150 克,果肉淡绿色,口感好,果实货架期长,适合包装。在超市销售,是适合包装和鲜食的优良品种。早熟性好,高产,对枯萎病、霜霉病、白粉病的抗性强,适合华北地区春秋露地栽培和春、秋大棚栽培。华北地区,春季栽培 3 月中下旬在阳畦或大棚内播种育苗,4 月下旬至 5 月初定植;秋季栽培 8 月上中旬直播。

(11)津绿 4 号 天津市黄瓜研究所选育。植株紧凑,生长势强,主蔓结瓜为主,雌花节率 40%,回头瓜多,侧枝结瓜后自封顶,较适宜密植。每 667 米² 产量约 5500 千克。耐热性好,在 34℃~36℃ 高温条件下生长正常。春露地栽培可延长收获期,秋季栽培提前播种,能获得较高的产量和经济效益。瓜条顺直,长约 35 厘米,瓜色深绿,光泽光亮,刺瘤明显,白刺,单瓜重约 250 克,商品性好。抗枯萎病、霜霉病、白粉病。稳产性能较好,是露地种植的首选品种。华北地区一般在 3 月下旬至 4 月上旬播种,苗龄 30~35 天,667 米² 苗数 3500 株左右为宜,早熟性好,从播种到始收 60～70 天。采收期 60～70 天。丰产潜力大,需肥量多,应以促为主,定植前施足基肥,根瓜坐住后及时追肥,采收中后期加大肥水量,并进行叶面追肥。商品瓜要及时采收。

(12)**津杂 3 号** 天津市黄瓜研究所选育,为中早熟品种。第一雌花节位 4～6 节,植株生长势强,叶片肥大浓绿,主、侧蔓均具有结瓜能力,底部侧蔓长势强,应及时摘除。瓜条有棱,刺瘤较密,白刺,有黄色条纹,瓜条长约 31 厘米,商品性好。适合中棚、小棚、地膜覆盖、春露地及秋延后栽培,每 667 米² 产量约 6500 千克。抗病性强,对霜霉病、白粉病、枯萎病、疫病等病害有较强的抗性。该品种在疫病区优势明显,适宜在全国各地种植。

(13)**中农 19 号** 中国农业科学院蔬菜花卉研究所选育。生长势和分枝性极强,顶端优势突出,节间短粗。第一雌花始于主蔓 1～2 节,其后节节为雌花,连续坐果能力强。瓜短筒形,瓜色亮绿一致,无花纹,瓜皮光滑,易清洗。瓜长 15～20 厘米,单瓜重约 100 克,口感脆甜,不含苦味素,富含维生素和矿物质,适宜作水果黄瓜。丰产,日光温室越冬栽培每 667 米² 产量可达 10000 千克以上。抗枯萎病、黑星病、霜霉病和白粉病等。具有很强的耐低温弱光能力。

(14)**津优 30 号** 天津市黄瓜研究所选育。为适合日光温室越冬茬和冬春茬栽培的新品种。具有生长势旺盛,耐低温、弱光能力极强,早熟、丰产、抗病性好,瓜条性状、商品性好的特点。越冬温室栽培,一般在 9 月下旬播种育苗;冬春茬温室栽培,一般在12月下旬至翌年1月上旬播种育苗。定植前,应多施腐熟的有机肥作基肥。采用嫁接育苗,可进一步提高抗逆性和产量。播种和定植前应对环境进行灭菌和杀虫处理。采用高垄栽培,膜下暗灌,天气转暖时管理上以促为主。4月份后应注意防治霜霉病。

2. 唐山秋瓜品种有哪些?

"唐山秋瓜"为众多唐山秋黄瓜品种的总称,是唐山地方特色黄瓜品种。具有品质优良,营养丰富、清香、爽口、质脆,抗病性强等特点,是我国冀东主栽果菜类蔬菜之一,深受当地消费者喜爱。唐山地区栽培秋黄瓜历史悠久,品种资源十分丰富,其中形状短粗的秋瓜占有较大的比例。下面介绍几个主栽品种。

(1)绿玉 河北省唐山市农业科学院选育。植株蔓生,生长势中等,主蔓2~3节着生第一雌花,连续2个雌花后,每隔2~3节着生1朵雌花。单株结瓜6~8个,侧蔓生长势弱,主、侧蔓均可结瓜,以主蔓结瓜为主。瓜长棒形,长18~20厘米,横径4~5厘米,果形指数4~5,果肉厚1厘米以上,单瓜重120克左右,白刺,刺瘤中等,瓜色翠绿,有光泽,生食质脆清香。早熟性强,从播种到商品瓜始收只需40~50天,全生育期100天左右。抗霜霉病、角斑病。每667米^{2}产量4000~4500千克。

(2)绿宝 河北省唐山市农业科学院选育。植株蔓

21

生,生长势强,主、侧蔓均可结瓜,侧蔓少,主蔓结瓜为主。第一雌花着生于 2~4 节,以后每 1~3 节着生 1 朵雌花。单株结瓜 8~10 个,瓜条圆筒状,瓜长 12~14 厘米,横径 5~6 厘米,果形指数 2.5~3,2~4 心室,单瓜重 100 克左右,瓜肉厚,脆嫩,口味中等,瓜色亮绿有光泽,刺白色,瘤小且少,无畸形瓜,商品性好。适应性强,抗逆性强,可露地种植,也可保护地栽培。株行距 25 厘米×60 厘米,每 667 米² 苗数 4 000~4 500 株。每 667 米² 产量 3 800 千克左右,高产的可达 5 000 千克。

(3)新唐山秋瓜 河北省唐山市郊区农家品种。植株生长势中等,株高 2.4 米左右,分枝性强,叶深绿色,叶片大,第一雌花着生在 4~6 节。瓜长棒形,长 24~30 厘米,横径 3~5 厘米,单瓜重约 250 克。瓜色绿,刺瘤密,有光泽,棱不明显,肉质脆嫩,味浓,品质上等。中晚熟,秋季生长期 90~95 天。耐热性强。抗霜霉病和枯萎病。每 667 米² 产量 4 500 千克左右。适宜夏、秋季栽培。

(4)绿岛一号 河北科技师范学院选育。播种至始收 45~50 天,植株蔓生,分枝性强,主、侧蔓结瓜,主蔓长 100~150 厘米。生长势中等,叶片浅绿色,结瓜节位低,第一瓜多着生在主蔓的第三节。瓜长 20~25 厘米,横径 3~4 厘米,单瓜重 100~150 克。刺瘤少、黑色,瓜皮草绿色。该品种喜湿又怕涝,不耐旱,适于耕层深厚,土壤疏松透气,富含有机质,保水蓄水的壤土地栽培。每 667 米² 苗数 3 500~4 000 株,每 667 米² 产量 4 500 千克左右。大棚、露地均可栽培。

3. 水果型黄瓜优良品种有哪些?

水果型黄瓜,瓜长 12～15 厘米,横径约 3 厘米,一般表皮上没有刺。含丰富的丙醇二酸、黄瓜酶等活性物质和大量的维生素 E,而且口味甘甜。随着人们生活水平的提高和饮食观念的改变,已成为畅销的蔬菜、水果兼用产品。

(1)**春光 2 号**　中国农业大学选育。全雌性。瓜长 20～22 厘米,瓜皮亮绿色,光滑富有光泽。皮薄,口感脆嫩、甜香,是目前口感较好的品种。耐寒性强,不耐高温。

(2)**戴安娜**　北京北农西甜瓜育种中心选育。生长势旺盛。瓜码密,结瓜数量多。瓜皮墨绿色,微有棱,无刺无瘤。瓜长 14～16 厘米,口感好。抗病性强,适宜在晚秋、冬季和早春季节保护地种植。

(3)**拉迪特**　荷兰品种。生长势中等,叶片小,淡绿色。适合于日光温室和大棚早春和秋延后栽培。孤雌生殖,多花性,每节 3～4 个瓜。瓜长 12～18 厘米,表面光滑,味道鲜美。抗白粉病和疮痂病。该品种以其高产、优质、瓜形好的特性备受青睐。市场平均售价高出同类产品 20% 以上,是菜农增加收入的首选品种。

(4)**康德**　杂交种。适合于早春、秋延后和越冬日光温室栽培的小型黄瓜品种。产量高,每节 1～2 个瓜。瓜长 16～18 厘米,表面光滑,微有棱,味道鲜美,适合于出口。抗白粉病和疮痂病。

（5）**夏多星**　杂交种。早熟品种，耐热，适合在夏秋栽培。生长势中等，每节1～2个瓜。瓜长16～18厘米，表面光滑稍有棱，味道鲜美。抗黄瓜花叶病毒病、黄脉纹病毒病、疮痂病和白粉病。

（6）**戴多星**　杂交种。适合在晚秋和早春种植，生产期较长，开展度大。瓜皮呈墨绿色，微有棱，瓜长16～18厘米，味道好。该品种可在露地、大棚和温室栽培。抗黄瓜花叶病毒病、黄脉纹病毒病、疮痂病、霜霉病和白粉病。

四、黄瓜育苗技术

1. 黄瓜育苗对高产优质有何意义？

黄瓜育苗可以为黄瓜生长增加积温，缩短生育期，便于茬口安排，提高土地利用率；减少种子用量以降低生产成本；提早成熟，延长采收，增加产量，提高品质和抗性，达到增产增效的目的。对气候条件不适宜黄瓜生长的冬、春季，育苗尤显重要。例如，在早春保护地条件下培育黄瓜秧苗，不仅使生长发育期提前，同时也给黄瓜早期阶段创造了促进雌花发育的低温短日照条件，一方面可以降低第一雌花节位，另一方面也提高了黄瓜前期的雌雄花比例，有利于早期获得高产高效。

2. 黄瓜育苗的方式有哪些？

(1)**温室育苗**　寒冷冬季或早春在温室内育苗。主要是为日光温室越冬茬、冬春茬及保护地春黄瓜栽培育苗。

(2)**冷床育苗和温床育苗**　冷床育苗主要是利用太阳能培育秧苗，是冬、春季节为露地栽培的春茬黄瓜育苗。温床育苗是在冷床的基础上，利用酿热物或电热线

25

加温进行育苗。

(3)**温室、冷床配套育苗** 这种方式是在温室内播种育成小苗,然后移栽到冷床,或塑料小拱棚内培育成苗。

3. 黄瓜的壮苗标准是什么? 培育壮苗的主要技术环节有哪些?

(1)**壮苗标准** 幼苗节间短,茎粗壮,刺毛较硬,茎横径 0.6～0.8 厘米,株高 10 厘米以内;叶片平展、肥厚,颜色深绿,达 3 叶 1 心或 4 叶 1 心;子叶完好、肥厚、具光泽;根系发达、白色;无病虫害,生活力强;日历苗龄 30～40天;定植后,具有缓苗和发根快,抗寒性强,雌花多且节位低,早熟和丰产等特点。

(2)**技术环节** ①床土和种子消毒处理,避免床土和种子带菌。②培育壮芽。采用壮芽播种,对提高黄瓜耐低温能力,提高黄瓜抗逆性,培育壮苗有着重要作用。③温、湿度调控。苗期温、湿度调控是防止黄瓜幼苗徒长、沤根的关键技术环节,要按照黄瓜生育特点、特性进行科学管理。

4. 怎样确定黄瓜的育苗时间?

黄瓜育苗期的长短依栽培设施、育苗条件、育苗地域及品种不同而有较大的差异。采用传统育苗方法,北方地区日光温室和塑料大棚黄瓜早春栽培用苗需 45～55天(4～6 片真叶),露地黄瓜栽培用苗需 30～35 天(3 或 4

片真叶);南方阴雨天较多,露地黄瓜栽培用苗需 40～45 天。另外,杂种一代与常规品种相比,育苗期要短些。适宜的播种期是由人为确定的定植期减去秧苗的苗龄,向前推算出的日期。具体推算方法:一是要了解黄瓜品种从播种到始收商品瓜所需要的时间,黄瓜品种从始收商品瓜日期到进入盛瓜期需 15 天左右,所以从播种到始收商品瓜所需要的时间加上 15 天,就是从播种到进入盛瓜期所需要的时间。二是参考市场信息推算播种期,把黄瓜盛瓜期,按黄瓜刚进入市场价高且畅销的日期算,由此日期往回推算黄瓜各茬栽培适宜的播种期。一般中熟品种比早熟品种要提前 10 天播种,晚熟品种比早熟品种提前 20 天播种。

5. 怎样配制苗床土? 苗床土的消毒方法有哪些?

(1)苗床土配制　黄瓜属于浅根性蔬菜,喜肥水但又不耐肥水,所以黄瓜育苗营养土必须具备营养成分全、质地疏松通透性好、保水能力强、无病虫害的特点。育苗床土配制应选择没有种过瓜类蔬菜的大田土与腐熟的有机肥,按 4∶6 或 5∶5 的比例混合,过筛而成。若土质黏重,则可加入一定量的炉灰、沙子、石灰石等;若肥力不够,每立方米营养土加尿素 500 克左右、磷酸二氢钾 300 克左右,充分混匀。

(2)苗床土消毒

①密封熏蒸消毒　目的在于防治猝倒病和菌核病。

每1000千克床土用40%甲醛200～300毫升,对水25～30升,或50%多菌灵可湿性粉剂50～60克配成1000倍液喷洒,并充分搅拌均匀,堆起来用塑料薄膜或湿草苫覆盖,闷2～3天,即可充分杀菌。去掉覆盖物,经过1～2周,让土壤中的药味充分挥发才能播种,否则影响出苗。

②太阳能消毒法 播种前,把地翻平整好,用透明吸热薄膜覆盖,晴天土壤温度可升至50℃～60℃,密闭15～20天,可杀死土壤中的多种病害。

③高温发酵消毒 在高温季节将旧床土、圈粪、秸秆分层堆积,每层厚度约15厘米,堆底直径3～5米,高2米,呈馒头形。外面抹一层泥浆或石灰浆,顶部留一个口。从开口处倒入稀粪、淘米水等,使堆内充分湿润,以利高温发酵。这种方法能杀死病原菌、虫卵、草籽,并使有机肥充分腐熟。春季育苗时刨开堆,化冻后过筛备用,既达到了床土消毒的目的,又解决了床土来源。

④药土消毒法 此法可防治黄瓜苗期猝倒病和立枯病。配制营养土时,每立方米营养土加入70%甲基硫菌灵可湿性粉剂或50%多菌灵可湿性粉剂10克,将1/3的药土铺到苗床上,剩余的2/3药土均匀覆盖到种子上。还可每平方米苗床用2.5%敌百虫粉4～5克加细土0.6～1千克撒入苗床,用以防治蝼蛄、蚯蚓和鼠害。

6. 怎样筛选黄瓜种子?

黄瓜种子的质量直接关系到苗期的生长,进而影响黄瓜的产量及品质。因此,播种前应筛选种子,保证种子的纯度和质量。

(1)品种选择 根据不同的设施类型和不同的栽培地区正确选择适用品种,如果引种本地区没有种过的品种,一定要小面积试种,表现好后再大面积种植。同时,还要注意消费地区对品种的要求。

(2)选择发芽势强和发芽率高的品种 黄瓜发芽势是催芽 3 天内种子发芽的百分数,发芽势强的种子出苗迅速、整齐。发芽率是一定量的种子中发芽种子的百分率,黄瓜一般指催芽 7 天内种子的发芽百分率,发芽率在90%以上的种子才符合播种要求。

7. 怎样进行黄瓜种子消毒和浸种催芽?

(1)种子消毒 黄瓜许多病害是通过种子传播的,因此黄瓜播种前应进行种子消毒。

①温汤浸种法 在 50℃～55℃温水中浸种 10～15分钟,水温降至 30℃时,停止搅拌,继续浸泡 4～6 小时,捞出沥干用湿纱布包起来进行催芽。

②药液处理 黄瓜常用 50%多菌灵可湿性粉剂或50%甲基硫菌灵可湿性粉剂 500～600 倍液,浸种 2～3 小时,然后捞出洗净进行催芽。

③药剂拌种 将药剂和种子拌在一起,药剂和种子必须是干燥的,药量一般为种子重量的 0.3%,常用药剂有 50%克菌丹可湿性粉剂和 50%多菌灵可湿性粉剂等。

④干热处理　在 70℃ 高温条件下处理 3 天(不影响发芽率),有防治黄瓜细菌性角斑病和黑星病的效果。

(2)浸种催芽　在种子消毒的基础上进行浸种。具体方法是把种子放到清洁的温水里,水温 20℃～30℃,经过 6～8 小时,达到种子充分膨胀时,沥去多余水分,搓洗干净,即可催芽。黄瓜催芽适宜的温度为 29℃～30℃,利用恒温箱是最科学有效的催芽方法,是工厂化育苗普遍采用的催芽方法。少量的种子既可用恒温箱催芽,也可采用放置在暖气旁(但不能直接放暖气片上)或放在内衣口袋中利用人的体温催芽。

8. 如何进行黄瓜苗期的温度管理?

黄瓜育苗不同季节、不同阶段所需的适宜温度不同。冬春低温季节育苗温度的管理是育苗的关键。从播种至出苗需 3～4 天,应保持较高的床温,5 厘米地温保持 12℃～15℃ 才能保证出苗,低于 12℃,应及时采取加温措施,争取在 5～7 天内出齐苗;从出苗至第一片真叶显露(即破心),此期要适当降温,温度过高,尤其是夜温过高,易形成高脚苗;从移苗(或嫁接)到缓苗(或嫁接成活)苗龄 8～20 天,应扣小拱棚加温,遇连阴天或寒流天,应生炉火加温,促发根和缓苗;缓苗(或嫁接成活)后至定植前 7～10 天,苗龄达 40～45 天,此期是幼苗发根、长叶和雌花分化的重要时期,应适当降低温度,并加大昼夜温差,保证夜温不低于 10℃,促进幼苗正常发育,防止夜温过高造成徒长;定植前 7～10 天至定植(即苗龄 45～55 天),为提高黄瓜苗定植后的适应能力和成活率,应进行低温炼苗。苗床温度管理指标如表 2 所示。

表 2　苗床温度管理指标　(℃)

时　期	气　温		地　温	
	昼	夜	昼	夜
播种至出土	25～30	20～25	20～25	20～22
出土至破心	24～25	13～16	17～20	15～18
移苗至缓苗	25～30	17～20	20～25	17～20
缓苗至炼苗	24～25	12～15	18～22	14～17
炼苗至定植	18～20	12～14	17～18	10～12

9. 冬季黄瓜育苗为什么要进行低温处理? 有哪些方法?

冬季黄瓜育苗进行低温处理是为了增强幼苗抗寒能力。低温处理有 3 种方法,即种子冰冻处理变温催芽、幼芽低温锻炼和幼苗定植前 7～10 天低温锻炼。

(1)种子冰冻处理　将浸种后已萌芽而未发芽的种子先在 0℃～2℃条件下预冷,再在－1℃～－2℃条件下(多在冰箱中)低温冰冻处理 24～48 小时。取出后缓慢融冻,再进行变温催芽,方法是:先在 28℃～30℃条件下催芽 20 小时,再在 18℃～20℃条件下催芽 24～36 小时,种子便可出齐芽。经冰冻处理和变温催芽的种子,胚芽的原生质黏性增强,糖分增高,对低温适应性增强,出苗前后对低温、阴雨等不良环境的耐力提高,第一雌花节位明显降低,可达到商品瓜早熟的效果。但对黄瓜幼苗地上部的生长速度有减弱作用。注意已发芽的种子不得进行冰冻处理,否则幼芽易受冻害。

(2)**幼芽低温锻炼** 把催好的种芽用湿毛巾包好,在2℃~4℃条件下放1~2天,能增强抗寒力;但处理温度不能过高或过低,并防止发生芽干、闷气等问题(严禁用塑料薄膜包裹种芽)。

(3)**定植前7天左右进行低温炼苗** 定植前7天左右,温室苗床早揭晚盖,增加通风量,夜温可降至8℃,并在定植前3天进行短时间夜温降至5℃的处理。注意低温炼苗时间不能过长,炼苗温度不能过低(如2℃~3℃),否则易形成老化苗、花打顶苗,或受寒害甚至冻害。

10. 冬季采用电热温床育苗有何优点?如何设置电热温床?

采用电热温床结合日光温室、改良阳畦、大小棚及近地面覆盖等保护设施,在较寒冷的季节进行育苗,效果很好。电热温床的优点是:①根据需要可以随时并长时间持续加温。②使用方便,温度调节灵敏,并可自控温度。③发热迅速,温度均匀。④不通电即可作为冷床使用。⑤应用技术简单,投资少,易于生产者掌握。

在日光温室或大棚内架小拱棚进行电热温床育苗,苗床应设置于棚室的中间部位,床宽120厘米左右,深低于畦面5厘米,长按所需营养钵数而定,床底要平整。电热温床的设置方法是:床底先铺一层3厘米厚的稻草作隔热层,避免床内热量散失。稻草上再铺一层土,其厚度以盖住稻草为宜,然后布线。一般冬季播种每平方米苗床需要电功率100瓦(1根800瓦、100米长的电热线可铺苗床8~10米²)。布线时先准备好2根与苗床宽度相等的木条,固定在苗床两端,木条按布线间距钉上长3.3~5厘米的圆木钉,然后按间距8~9厘米将电热线拉紧来回缠绕在圆木钉上,不能剪断、不能打结,以保证线路畅通。最后,在电热线上覆土或麦糠1~2厘米厚,将电热线覆盖严密。苗床上铺10厘米厚营养土或摆放营养钵进行育苗。

11. 营养钵育苗的优点和方法是什么?

(1)优点 ①设备简单,还可用于工厂化生产,一次投资可多年使用(除纸质的)。②既可实行营养土育苗,又可采取基质、浇营养液育苗。③能在任何场地的苗床上使用。④容易培育壮苗。营养钵育苗幼苗素质好,根系发达,不会伤根,叶大而肥厚,植株开展度大,苗齐苗壮,苗龄缩短,定植后缓苗快,利于争取早熟。

(2)方 法

①营养土配制 黄瓜育苗采用8厘米×10厘米或10厘米×10厘米的营养钵,营养土采用疏松田园土50%,堆沤的秸秆土杂肥40%~45%,充分腐熟的牛马粪、猪粪10%或鸡粪5%,过筛并掺匀,然后装入营养钵中,摆入畦床上。

②浸种催芽　用 55℃温水浸种 30 分钟,搅拌使温度降至 30℃时,再浸泡 6～8 小时,捞出后催芽。在 29℃～30℃条件下催芽 14～16 小时,种子 90％出芽即可播种。

③播种　播种前畦床浇透水,水渗后撒一薄层翻身土,然后每营养钵播 1 粒已发芽的种子,播后覆土厚 1～1.5 厘米,再覆盖一层地膜,拱土时及时撤膜。

12. 什么是穴盘育苗? 如何选择和配制穴盘育苗基质?

(1)**概念**　穴盘育苗是利用先进的设施、设备和管理技术,将幼苗的不同生长阶段放置在人工控制的最优环境中,充分发挥幼苗生长的潜力,快速度、高质量地培育出优质壮苗的一种工厂化育苗方式。

(2)**基质选择**　良好的育苗基质能为幼苗根系发育创造适宜的环境,使秧苗根系发达、生长迅速、旺盛、整齐一致,同时可减轻或避免土壤传染的病害,实现育苗程序的标准化。穴盘育苗常采用轻型基质,可作为黄瓜育苗基质的材料有:珍珠岩、蛭石、草炭土、炉灰渣、沙子、炭化稻壳、炭化玉米芯及发酵好的锯末、甘蔗渣、栽培食用菌废料等。

(3)**基质配制**　黄瓜育苗基质按照草炭∶蛭石∶珍珠岩 3∶1∶1 的比例进行配制。也可用蘑菇栽培废料、粉碎的玉米芯、锯末屑等代替草炭。每立方米基质加入 50％多菌灵可湿性粉剂 100 克消毒,以防止苗期病害,同时加入氮、磷、钾含量为 20—10—20 的育苗专用肥 1 千克或 15—15—15 三元复合肥 1.5 千克,并调节 pH 值为 5.8～6。

13. 黄瓜嫁接育苗的意义是什么？

　　保护地栽培黄瓜由于土壤和设施条件的不可移动性和轮作倒茬的困难,多年连作致使黄瓜枯萎病等土传病害逐年加重,造成死秧和减产。利用南瓜作砧木进行嫁接换根栽培已成为保护地黄瓜栽培防病增产,改善品质,提高效益的重要措施。南瓜根系发达,耐低温,抗高温,抗枯萎病等土传病害,还能提高黄瓜整体的抗低温能力,而且发达的砧木根系吸水吸肥能力强,能够促进植株生长,提高产量。因此,利用南瓜作砧木进行黄瓜嫁接育苗,是一项深受广大菜农欢迎的高产高效技术措施。

14. 黄瓜嫁接砧木和接穗如何选择？

　　(1)砧木的选择　　选择砧木要掌握以下基本原则:①砧木与接穗的亲和力,包括嫁接亲和力和共生亲和力。要选择嫁接亲和力与共生亲和力都较高且较一致的砧木。②砧木的抗病能力,尤其是对镰刀菌枯萎病等土传病害的抵抗力要强。③选择对黄瓜品质基本无不良影响的砧木。④砧木对不良环境条件的适应能力要强。
　　(2)接穗的选择　　选择接穗时,首先要考虑对保护地环境的适应性,一般以耐低温、弱光、早熟性强、品质好、抗叶部病害的丰产品种为最好。

15. 用于黄瓜嫁接的优良砧木品种有哪些?

(1)黑籽南瓜 黑籽南瓜原为中美洲及印度马拉巴尔海岸野牛种,公元前由丝绸之路传入中国,在生态环境相似的云南繁衍,因种皮黑色故名黑籽南瓜。黑籽南瓜抗枯萎病等土传病害,籽粒大,千粒重 125 克,每 667 米^2 用种量 1～1.5 千克。嫁接后生长势强,抗寒性好,是我国保护地黄瓜生产中应用较多的砧木品种。

(2)绿洲天使 河北省农林科学院经济作物研究所与唐山恒丰种业有限公司选育的黄籽南瓜砧木 F_1 代新品种。绿洲天使种皮淡黄色,籽粒小,发芽率高,千粒重 90 克,每 667 米^2 用种量 0.5～0.6 千克。该品种对黄瓜枯萎病免疫,嫁接后瓜秧生长协调,瓜条亮绿味甜,可明显改善瓜条品质,是新兴的黄瓜嫁接专用砧木,适宜日光温室及大棚黄瓜嫁接应用。

(3)神根 河北省农林科学院经济作物研究所与唐山恒丰种业有限公司选育的黄籽南瓜砧木 F_1 代新品种。该品种种皮淡黄色,籽粒小,千粒重 90 克,每 667 米^2 用种量 0.5～0.6 千克。对黄瓜枯萎病免疫,嫁接后瓜秧生长协调,瓜条亮绿味甜,可明显改善瓜条品质,是新兴的黄瓜嫁接专用砧木,适宜日光温室及大棚黄瓜嫁接应用。

16. 接穗和砧木的播种期和播种方法是什么？

（1）接穗播种　接穗黄瓜每 667 米² 用种量为 200～250 克，播种前先将苗床浇透水，播种时应尽量稀播，播后覆土 1 厘米左右，然后覆盖地膜，再插小拱棚。育苗期间棚内温度应掌握在 25℃～28℃，一般播种后 3 天开始出苗，可将地膜撤去，5 天即可出齐苗。齐苗后温度应控制在 20℃～22℃，夜间不超过 14℃，苗期根据墒情适当浇水。为防止病害发生，每隔 4～5 天喷 1 次 50％百菌清可湿性粉剂 600 倍液。

（2）砧木播种　采用黑籽南瓜作砧木，黄瓜应早播 5～6 天；采用黄籽南瓜作砧木，黄瓜和南瓜可同时播种或黄瓜早播 1～2 天。原则是让黄瓜苗等南瓜苗，不能叫南瓜苗等黄瓜苗，以使黄瓜苗下胚轴与南瓜苗下胚轴粗细相近，利于嫁接成活。南瓜播种后覆土 2 厘米厚，覆盖地膜。注意南瓜应适当密播。南瓜也可采用直径 10～12 厘米营养钵育苗，嫁接时不起苗，带营养钵直接嫁接，不伤根可提高成活率。播种后小拱棚覆盖薄膜，棚内温度应掌握在白天 25℃～28℃、夜间 16℃～18℃。幼苗出土后温度应适当降低，苗出齐后撤去地膜和小拱棚，并喷洒 70％硫菌灵可湿性粉剂 400 倍液预防病害。

17. 黄瓜嫁接育苗的方式和方法有哪些？

嫁接育苗有 3 种方式，一是将黄瓜和南瓜分畦播种育苗,嫁接时分别掘取秧苗,嫁接后另畦栽植。二是将黄瓜种子撒播在苗床中,南瓜种子催芽后点播到营养钵里(居中位置),嫁接时只掘取黄瓜苗嫁接于南瓜苗上,嫁接后将黄瓜苗的根假植到营养钵的一侧,摆入苗床管理即可。三是将南瓜种子直接播在畦垄上,掘取黄瓜苗嫁接,嫁接后将黄瓜苗的根假植到畦垄一侧。这3种方法各有利弊,后2种方法南瓜不用缓苗,但要求嫁接技术熟练,以保证嫁接成活率。黄瓜嫁接方法,有靠接法、插接法和劈接法。前2种方法操作简单,易管理,成活率高,广泛应用于黄瓜生产中。

18. 怎样采用靠接法进行黄瓜嫁接?

靠接法也称舌接法,操作简单,易管理,成活率高,黄瓜嫁接育苗多采用此法。黄瓜靠接适期是南瓜子叶展平心叶显露,黄瓜第一片真叶展开2厘米左右。秧苗太大茎空心,会影响嫁接的成活率。靠接时先将黄瓜苗和南瓜从苗床起出,然后削去砧木的生长点,留下两片子叶,用刀片在距子叶0.5～1厘米的下胚轴上,自上而下按35°～40°角斜切一刀,深度为茎粗的1/2;接穗黄瓜则在子叶下1.2～1.5厘米处的胚轴上自下而上斜切一刀,角度为30°左右,深度为茎粗的3/5。然后把砧木和接穗的2个舌形切口相互嵌入,使黄瓜子叶在南瓜子叶之上,相互垂直呈十字形,并用嫁接夹固定。

19. 怎样采用顶芽插接法进行黄瓜嫁接?

顶芽插接的步骤如下。

(1)插竹签 去掉南瓜苗的顶芽,用竹签插孔,用右手捏住竹签,左手拇指和食指捏住砧木下胚轴,使竹签的先端紧贴砧木1片子叶基部向另一片子叶的下方斜插,深度一般为0.5~0.7厘米,不可穿破表皮或穿透至髓部,防止接穗以后产生不定根。

(2)削接穗 从黄瓜子叶下0.4~0.6厘米处入刀,相对两侧各削一刀,削成0.5~0.7厘米的楔形。注意刀口一定要平滑,接穗刀口的长短,接穗的粗细,均应与竹签插进砧木的小孔相同,使插接后砧木与接穗紧密接合,利于成活。

(3)插接穗 接穗削好后,随即将竹签从砧木中拔出,插入接穗,深度以削口与砧木插孔平齐为度,并使接穗子叶与南瓜子叶呈十字形。削、插接穗的整个过程要做到稳、准、快。插入接穗固定好,使砧木维管束和韧皮部与接穗的相应部位紧密接合。

20. 如何进行黄瓜嫁接后的苗期管理?

将嫁接苗按10厘米×10厘米的株行距移栽在配制好的苗床土上,边栽边浇水,注意不要把水浇到嫁接口上,移栽时嫁接夹应朝相同方向,便于后期黄瓜断根。盖土要适宜,至少应离嫁接夹 2 厘米,避免黄瓜发生不定根。边栽边搭小拱棚,扣棚膜,移栽后 5 天内棚内温度应保持在 28℃～30℃,地温 20℃～23℃,空气相对湿度95％以上,以利于刀口愈合。嫁接后前 3 天不要见光,白天通过揭、盖草苫调节光线强度。3 天后逐渐增加见光时间,10 天后进入常规育苗管理。嫁接后 12～13 天,在嫁接刀口下方,前 1 天先将黄瓜下胚轴用手捏伤,第二天将黄瓜下胚轴割断。断根后要根据苗情变化,采用拉、放草苫来调节光线强度和温度,提高成活率。此期发现砧木发生新芽要及时去掉,以免影响正常生长。嫁接后 15 天左右喷洒 1 次 50％百菌清可湿性粉剂 500～800 倍液,防治黄瓜霜霉病。嫁接后 25～35 天即可定植。

21. 黄瓜育苗期如何使用植物生长调节剂才能促进雌花分化?

黄瓜早春育苗,正常情况下能够满足雌花分化所需要的环境条件(低夜温和短日照),一般不必用植物生长调节剂来促进雌花分化。否则,雌花过多,易大量化瓜。但是在温度偏高、连阴天过长、寡照、苗床肥水过多(特别是氮肥过多)或昼夜用灯光人为加长日照时数的情况下秧苗徒长,应在幼苗 2～4 片真叶期喷 1～2 次 0.015％～0.025％乙烯利溶液,可有效地促进雌花分化,防止定植后瓜码稀或空秧,确保早熟丰产。但雌性型品种如中农 5号,不需采用此法。

22. 黄瓜育苗期间遇不良天气怎样进行苗床管理？

遇寒流天气时应临时加火增温，以保证适温；如遇连阴天气光照较弱，不可盲目加火升温，应适当降温2℃～3℃，并保持一定的昼夜温差。炉火加温时要注意防止烟熏和煤气中毒。随着温度升高，逐渐停火，草苫也要逐渐早揭晚盖，争取多采光。阴雨雪风天气，只要不过于冷、不过于阴暗，均应争取中午短时间掀苫使秧苗见散射光。连阴天放晴后，要通过反复掀、盖草苫防止幼苗萎蔫，同时用糖氮液补充营养（1%糖＋0.5%尿素溶液）。苗期要坚持中午通风，以排除湿气和有害气体，补充二氧化碳。天气过冷或大风天气可不通风。

23. 怎样防止黄瓜苗戴帽出土？

戴帽出土是指种子出苗时没有将种壳留在土内，而是把种壳夹着子叶一起出土，这种子叶带着种壳一起出土的苗叫"戴帽苗"。黄瓜育苗时，经常出现戴帽出土现象。戴帽苗影响光合作用，易形成弱苗。

防治方法是精细整地，使苗床土细、松、平整。播种前苗床浇足底水，不能播干种，要进行浸种处理，覆土要用潮土，且厚度要适宜，并加盖薄膜进行保湿，使种子从发芽到出苗期间保持湿润状态。幼苗刚出土时，如果床土过干要立即用喷壶洒水；发现有覆土太浅的地方可以补撒一层湿润细土；一旦发现戴帽苗出现，要立即人工摘除。

五、露地黄瓜栽培技术

1. 露地黄瓜栽培有几种方式？

在裸露的自然气候中的土地上进行黄瓜栽培,叫露地栽培。露地黄瓜栽培,温度条件完全受自然气候支配,只能靠调节播种期和定植期,把黄瓜安排在适宜季节进行栽培。按生产季节不同,露地黄瓜栽培可分为春、夏、秋 3 种主要栽培方式。

2. 露地春黄瓜早熟栽培如何进行茬口安排和品种选择？

(1)茬口安排　露地春黄瓜栽培可采取直播和育苗 2 种方式。采用直播方式的在 4 月中旬(当地终霜期后)播种;采用育苗方式的可在 3 月上中旬阳畦内播种育苗(苗龄 40～50 天),也可在日光温室内播种育苗(苗龄 30～35 天),4 月中下旬(当地终霜期后)露地定植。

(2)品种选择　黄瓜春季露地栽培,苗期经历春季低温,后期经历夏季高温的历程,加之春、夏之间气候多变,风多,干燥。因此,应选择适应性强,苗期耐低温,长势强壮,抗病,较早熟,高产的品种。如冀杂 1 号、津研 4 号、津春 4 号等品种。

3. 露地春黄瓜定植前为什么要进行秧苗锻炼？怎样进行？

露地春黄瓜通常于当地晚霜期过后，旬平均气温稳定在 15℃～18℃、15 厘米地温稳定在 12℃～15℃时定植。这个时期外界环境条件与苗床内环境条件差异很大，北方地区昼夜温差大、地温低、空气干燥且风大；南方地区空气湿冷、阴雨多、地温低。定植前进行秧苗锻炼，可进一步控制秧苗生长，促进根系和花芽发育，提高秧苗的抗逆能力，适应不良的环境条件，定植后缓苗快，生长旺盛，高产高效。秧苗锻炼的方法是：在黄瓜定植前 2 周，根据天气情况，逐渐加强白天通风，减少夜间覆盖，直至最后白天覆盖全撤，夜间只盖草苫或塑料膜。定植前 5～7 天要逐渐加大夜间通风量，直至定植前 3～4 天夜间覆盖全撤，使幼苗昼夜接触自然环境。

4. 露地春黄瓜栽培怎样整地施肥？栽培方式有哪些？

定植前结合耕地每 667 米^2 施入腐熟有机肥 5 米^3、磷酸二铵 50 千克。翻耕混匀土肥，整平做畦。露地春黄瓜的栽培方式有以下几种。

(1)**平畦栽植** 畦宽 130～140 厘米，每畦 2 行，行距 65～70 厘米，株距 20～25 厘米，每 667 米^2 栽植 4 000～4 500 株。

(2)**小高畦地膜覆盖栽植** 做底宽 85 厘米、畦面宽

70厘米、高10厘米左右的小高畦。要求畦面平整细碎，用幅宽95～100厘米的地膜覆盖，以增温保墒。

(3)**双膜覆盖栽植** 在小高垄地膜覆盖的基础上，栽苗后立即插高33～50厘米的小拱棚，覆膜增强保温性能。为减少投资，可用旧薄膜；也可以先盖小棚膜，待终霜后落地成地膜覆盖形式。扣小拱棚可提前10～15天定植。定植后，加强管理，每天揭两侧风口通风降温排湿，傍晚及时关闭风口保温；撤棚膜不可过早，要待晚霜过后，撤棚膜前5～7天要加强通风炼苗。冀中南部地区一般5月初撤膜。

(4)**小拱棚覆盖** 一般用竹片、细竹竿插小拱架，也可用树枝条做成1米高的拱架，上面覆盖塑料薄膜，也可用旧薄膜覆盖，以降低成本。一般覆盖15～20天，终霜后撤棚并及时插架绑蔓。扣膜期间要注意白天通风降温，夜间保温防寒。

5. 露地春黄瓜早熟栽培怎样进行田间管理?

定植后3～5天浇缓苗水，浇后及时中耕松土2～3次，下锄要深，以提高地温，促发根系，但要防止锄下伤根。抽蔓时及时插架绑蔓，架形为人字形架，可防风灾和雨季趴架。扣棚膜的要根据天气情况注意通风，撤膜后及时插架绑蔓。根瓜坐住后及时浇催瓜水、施催瓜肥，每667米^{2}可施尿素10～15千克。以后每隔5～7天浇1次水，保持畦面见湿见干，浇水量宜小不宜大。一般隔2次浇水追1次肥,每次每667米²施硫酸铵20千克,或碳酸氢铵20千克,或将粪稀、沼气液随水浇灌。结瓜期注意绑蔓,打杈,摘卷须、雄花和畸形瓜。瓜秧满架后摘顶促结回头瓜。定植后25～30天始收,根瓜应尽量早收,以免坠秧。腰瓜及回头瓜生长较快,开花后4～12天即可采收。初收期每隔2～3天采收1次,盛瓜期每天均应采收。

6. 露地夏黄瓜栽培如何进行茬口安排和品种选择?

露地夏黄瓜栽培,5月中下旬至6月份播种,7～8月份上市。夏黄瓜生长期处于炎热多雨或炎热干旱的气候条件下,不利于根系发育,植株生长势较弱,且炎热多雨季节病虫害多,产量低而不稳,栽培面积较小,但市场销售价格较高,经济效益较高。露地夏黄瓜栽培应选择抗病、耐热,生长势旺,适应性强的品种,如冀杂1号、津优41、津春4号、夏丰一号等品种。

7. 露地夏黄瓜栽培应选择什么地块? 如何进行播种?

黄瓜根系好气喜湿又怕涝,夏季高温多雨,故应选择地势较高、土质肥沃、能灌能排的地块种植。不宜选用地势低洼、土质黏重的地块种植。注意与非瓜类作物轮作，宜选用小白菜、小茴香、菠菜、春小菜等作前茬。夏黄瓜多采用干籽直播，或浸种后直接播种，每 667 米² 用种量约 250 克。可在垄顶开小沟，沟深 2 厘米，6～7 厘米播 1 粒种子，或按穴播种，穴距 25 厘米，每穴播 2～3 粒种子，覆土后顺垄浇小水，水洇透垄顶即可。

8. 露地夏黄瓜栽培怎样进行田间管理?

出苗后及时查苗、补苗，幼苗长出真叶后开始间苗。因夏季时有暴雨和病虫害发生，所以定苗应适当推迟到 3～4 片叶时进行。出苗后应及时进行中耕，疏松土壤，以促进幼苗发根，防止徒长，结瓜前要中耕 3～4 次，起到松土、透气、除草的目的。苗期根据苗情长势，应偏施少量化肥给弱苗，促弱苗生长，使苗情整齐。结瓜前一般不浇水，特殊干旱可少量浇水，浇水后及时中耕松土。结瓜后，每隔 10～15 天追 1 次肥，每次每 667 米² 施三元复合肥 10～15 千克，第一条瓜坐住后开始浇水，结瓜盛期肥水要充足，每 667 米² 可追施三元复合肥 15～20 千克。8 月下旬后天气转凉，可随水追施人粪稀或沼气液，同时叶面喷施 0.2% 磷酸二氢钾＋2% 尿素溶液和 0.1% 硼酸溶液，以防化瓜，并促进早熟，提高品质。及时插架绑蔓，并结合绑蔓进行整枝，基部一般不留侧蔓，中上部侧枝可根据品种特性和栽培密度酌情留蔓，见瓜留 2 叶摘心。

9. 露地秋黄瓜栽培如何进行茬口安排和品种选择?

露地秋黄瓜栽培,应在 6 月下旬至 7 月上旬播种,一般采取直播,在不能及时腾地时也可采用育苗移栽。露地秋黄瓜生长期正值高温多雨的季节,病虫害较重,必须选用耐湿、抗热、抗病虫害、生长势强、高产的品种,如津研 1 号、津研 2 号、津研 4 号、津研 7 号等品种。也可选用本地区适于夏、秋栽培的地方品种。播种前要对种子进行去杂除秕,并测定千粒重及发芽率。使用精选、发芽良好的干籽,每 667 米^2 用种量为 200~250 克。

10. 露地秋黄瓜栽培怎样进行田间管理?

秋黄瓜播种时,如土壤湿润,播后当天可不浇水,幼苗顶土时再浇水;如土壤墒情不好,播后当天应浇水,浇水顺沟进行,以润湿播种沟为宜,不能漫灌过播种沟,以免造成土壤板结。当幼苗出齐时再浇水 1~2 次。幼苗出齐后至采收根瓜前,尽量少浇水,以利于养根壮秧,减少病害。浇齐苗水后要及时浅中耕,深度以 2~3 厘米为宜,以保墒松土。采收根瓜后,增加浇水次数,但仍不能大水漫灌。一般每隔 3~5 天浇水 1 次,浇水要结合当时的天气情况,以保持土壤湿润为准,浇水宜在早、晚进行。结瓜后期气温降低,要适当少浇水,并在上午进行,以稳定地温。若有大暴雨，雨前需清理排水沟，保证排水畅通，畦内不积水。秋黄瓜栽培时高温多雨，对直播的小苗，必须保证营养充足。秋黄瓜播种后 7 天左右，第一片真叶期，进行第一次间苗，播种后 15～20 天，2～3 叶期进行第二次间苗。第二次间苗后结合浇水进行第一次追肥，以后凡遇大雨或连阴雨后，均应追肥。结瓜盛期要做到隔一水追 1 次肥。每次每 667 米^2 追尿素 5～10 千克，适当配施速效磷、钾肥，有良好的增产效果。也可随水冲施充分腐熟的人、畜粪混合液或沼气液。

六、大棚黄瓜栽培技术

1. 大棚黄瓜栽培有哪些主要模式?

栽培黄瓜的塑料棚类型主要有小拱棚、中棚和大棚。在大棚黄瓜栽培中,因栽培季节不同又分为大棚春提早黄瓜栽培和大棚秋延后黄瓜栽培。大棚春提早黄瓜栽培是目前大棚栽培的主要形式,栽培面积占春季栽培面积的70%左右。大棚秋延后黄瓜栽培,一般是7月上旬至8月上旬播种,7月下旬至8月下旬定植,9月上旬至10月下旬供应市场。供应期可比露地延后35天左右。

2. 大棚早春茬黄瓜栽培的关键技术是什么?

大棚早春茬黄瓜栽培,又叫大棚春季早熟黄瓜栽培,也叫大棚春提早黄瓜栽培,是以早熟早上市争取高效益为目的的栽培模式。其关键技术一是采取措施增温,争取早播、早熟,提高前期产量,早上市,获得高效益。二是加强灾害性天气的预防。由于早春育苗期和定植期天气易变,灾害性天气多,除了培育壮苗、加强抗寒锻炼、提高植株抗寒力外,还要注意加强保温防寒防冻以及防风害和高温伤害的措施。三是要加强病虫害的综合防治,特别要注意连阴雨天气,要防治霜霉病的发生、流行和暴发。

3. 大棚早春茬黄瓜栽培如何选择品种和确定育苗期?

大棚黄瓜早春栽培,应选用早熟、抗病、丰产、品质优良的黄瓜品种,如冀杂 1 号黄瓜、津春 4 号、中农 5 号等品种。

大棚春季早熟栽培黄瓜育苗播种期,主要根据栽培方式、品种、当地气候条件、育苗设备和育苗技术等具体情况决定。应按培育适龄壮苗所需的天数,从定植日期向前推算来确定播种期。大棚黄瓜早春栽培,在温室内育苗,苗龄达到 4~5 片真叶,育苗期应 50 天左右;如果在温室内用电热温床育苗,育苗期 35~40 天就能达到 4~5 片真叶。河北省中南部地区大棚黄瓜早春栽培,采用单层覆盖,定植期在 3 月 20 日左右,育苗播种期应在 2 月上中旬;采用双层覆盖,定植期在 3 月 10 日左右,育苗播种期应在 1 月下旬至 2 月上旬;采用多层覆盖,定植期在 3 月初,育苗播种期应在 1 月上中旬。

4. 大棚早春茬黄瓜采用什么育苗方式? 育苗期如何管理?

大棚黄瓜育苗可采用营养钵或 50 孔穴盘育苗。一钵(穴)播 1 粒发芽的种子。

播种后出苗前,以提高温度为主,温度白天保持28℃～30℃、夜间22℃～20℃,不低于15℃。地温保持22℃～25℃,不低于18℃,2～3天即可出齐苗。出苗阶段昼夜不通风,遇阴雨雪风等寒冷天气可不揭苫,以保温为主。出苗后要揭苫见光,适当小通风,适当降低温度,温度白天保持20℃～25℃、夜间16℃～14℃,地温20℃以上,促进根系发育,并防止高夜温造成下胚轴徒长,形成"高脚苗"。第一片真叶展开至定植前7～10天,进行四段变温管理,即晴天上午20℃～30℃,不超过35℃;下午25℃～18℃;前半夜18℃～15℃,不高于20℃;后半夜15℃～12℃,不低于8℃。播种前或移苗时苗床浇1次透水,以满足整个苗期的需水量,育苗期间一般不再浇水。但如果床土沙性大,保水能力差,或因底水不足,苗床缺水,应及时补水,不可用控水的办法控制幼苗的生长速度。补水要适当,不要过于频繁,否则,苗床湿度过大,影响发根。

5. 如何确定大棚早春茬黄瓜栽培的扣棚期和定植期?

为了提高棚内地温,定植前20～30天应扣大棚膜,使冻土解冻,提高地温,有利于黄瓜定植后根系发育,迅速缓苗。春大棚黄瓜提早扣棚膜,要注意天气预报,预防风灾,拉紧压膜线,少开门,防止冷风灌入。

大棚春提前早熟黄瓜栽培,定植期的确定要以保证定植后幼苗根系能够生长,地上部不受寒害或冻害为准则。一般大棚内 10 厘米地温稳定在 10℃ 以上,定植后可正常缓苗成活。单层大棚的安全定植期在 3 月底至 4 月初;双膜覆盖(地膜＋棚膜)可提早至 3 月 20～25 日定植;三层覆盖(地膜＋棚膜＋小拱棚)可提早至 3 月 15～20 日定植;多层覆盖(地膜＋棚膜＋小拱棚＋天幕)可提早至 3 月 10～15 日定植。

6. 大棚早春茬黄瓜栽培怎样施基肥和整地做畦?

前茬蔬菜收获后,冬前每 667 米^2 施入充分腐熟的圈肥或土杂肥 6～8 米^3,深耕晒垡,以培肥地力,减少病虫害。春季扣棚前每 667 米^2 施入充分腐熟细碎的鸡粪 2～3 米^3、过磷酸钙或磷酸二铵 30～50 千克、硫酸钾 20～30 千克或三元复合肥 30 千克,肥料 2/3 撒施,然后深翻。其余 1/3 沟施或穴施。

冬前深耕晒垡,精细整地后,做高垄或高畦并覆盖地膜,有利于蓄热增加地温,促进苗期早发,提高前期产量。定植前 10 天左右做畦,高畦畦面宽 65～70 厘米、底宽 75～80 厘米、高 10～15 厘米,畦距 60 厘米,每畦栽 2 行,地膜覆盖,膜下沟(暗)灌或滴灌。高畦或高垄可比平畦地温高 1℃～2℃,高畦地膜覆盖可比平畦 10 厘米地温高 1.5℃～4.7℃。但是,早春盖地膜后,近地表气温略低,应予以重视。

7. 大棚早春茬黄瓜栽培怎样合理密植？定植方法是什么？

合理的定植密度依品种不同，一般分枝少主蔓结瓜的品种，如冀杂1号、新泰密刺、长春密刺、山东密刺等品种，每667米²定植4500～5000株；津春4号、中农5号等杂交品种，生长势强，每667米²定植3500～4000株。

大棚春季早熟黄瓜栽培，春季气温低，切忌栽苗后大水漫灌。一般采用水稳苗定植的方法，做好畦后先覆膜，按株行距挖穴，按穴浇足水，待水渗下后栽苗。也可先定植后覆膜。黄瓜苗宜浅栽不宜深栽，定植时苗坨与畦面栽平即可，注意嫁接苗定植时不要把嫁接口埋住，以防感染土传病害和从接穗产生不定根。

8. 大棚早春茬黄瓜栽培定植后怎样进行温度管理？

大棚早春茬黄瓜定植后，缓苗期应密闭大棚保温增温促进缓苗，定植早的还要采取防寒措施，要特别注意天气变化，防止寒流造成霜冻。缓苗期为3月下旬至4月上旬，既要注意防寒，又要注意防止晴天高温伤害，大棚内中午气温达35℃以上时，要及时通风降温。缓苗后至采收前外界气温仍然较低，棚内温度仍以保温为主，防寒防霜冻。一般掌握白天温度25℃~30℃,不超过35℃;夜间15℃~10℃,不低于5℃。为了使棚内多积累热量,中午棚温达28℃以上时打开风口通风,下午降至28℃时及时关闭通风口,使棚内温度较长时间保持在30℃,有利于提高夜温,预防寒害。

随着季节的推移,气温升高,棚内温度也逐渐升高,当气温达30℃以上时,要敞开棚门或大棚四周通风,棚内温度降至26℃左右时关闭通风口。4~5月份温度进一步升高时,可揭开棚膜。

9. 大棚早春茬黄瓜栽培定植后连续低温对幼苗有哪些危害?如何防寒?

大棚早春茬黄瓜定植后,如果夜间5℃~10℃的低温持续达8小时以上,则缓苗期延长,叶片发黄而后干枯,但心叶和生长点还可生长;如果夜间出现-1℃~-2℃的低温并持续几个小时,幼苗即受冻害枯死。外界最低气温不低于-3℃、大棚内夜间11~12时维持在8℃左右,幼苗一般不会受冻害。当突然出现寒流,外温降至-5℃~-8℃时,大棚内就会出现霜冻。北方地区3月下旬寒流频繁,棚内常出现寒害或冻害,尤其是缓苗期的幼苗冻害更为严重。

大棚春季早熟黄瓜栽培常用的防寒措施有:①大棚内四周挂薄膜围裙,外围草苫,可使棚内气温升高2℃~3℃,即使棚外温度降至-2℃时,棚内秧苗仍可免受冻害。②大棚内加小拱棚或保温幕(适用于钢架无柱空心式大棚)进行双层覆盖,棚内气温可提高 3℃～5℃,棚外温度降至－3℃～－5℃时,秧苗仍可不受冻害。③多层覆盖,即大棚内加设小拱棚和天幕,棚内气温可提高 5℃～7℃,防寒效果更好,可使定植期提早至 3 月上中旬。多柱式竹木结构大棚,无法架设天幕的,可用无纺布在棚内秧苗上进行浮面覆盖,夜间可增温 2℃～3℃。④若遇重寒流,可在棚内临时生炉火或炭火盆加温,注意火炉或火盆应在室外放烟后再搬进室内放热。

10. 大棚早春茬黄瓜栽培怎样进行肥水管理?

大棚早春茬黄瓜定植,应采取在沟中浇暗水栽苗的方法,以免降低地温。如果栽植较晚,棚内温度较高,也可放明水栽苗,以满足根系需水量,促进发根,同时提高棚内空气湿度,增加闭棚缓苗期间秧苗的耐高温能力。定植后 5～7 天浇缓苗水,以保证发棵至根瓜坐住前植株对水分的需求。浇缓苗水切忌追施速效性氮肥,以防秧苗徒长而大量化瓜。浇缓苗水后,要适当蹲苗,以控水促根控秧,不覆地膜的还要进行中耕松土提温保墒。大棚黄瓜根瓜坐住后即进入结瓜期,可结合浇根瓜水追肥。此后应保持土壤湿润,保证水分供应和养分供应,按照"小水勤浇"、"水肥勤施"的原则进行肥水管理。结瓜前期,以"一清一浊"(一次清水,一次带肥水)的追肥方法,每次每 667 米² 追施硝酸铵 15～20 千克,或尿素 7.5～10

千克,或磷酸二铵 10～15 千克;结瓜中期,配合施入钾肥,每次每 667 米² 施硫酸钾 10～20 千克;结瓜后期,大棚大通风,每次每 667 米² 施碳酸氢铵 20 千克左右。如果按"水水带肥"进行管理,以上追肥用量应减半。结瓜期间还可叶面追肥,以促进早熟丰产。可喷施 1％糖＋0.2％～0.5％尿素＋0.2％～0.3％磷酸二氢钾＋0.3％食醋的糖氮液,还可喷施高美施、绿风95、双保植物营养素、光合微肥、微量元素等叶面肥,具体用法参照说明书。

11. 大棚早春茬黄瓜栽培怎样进行植株调整?

大棚早春茬黄瓜缓苗后,应及时用竹竿插架或吊蔓,吊蔓常用聚丙烯塑料绳、尼龙绳、麻绳作黄瓜吊架,省工省力,经济实用,遮阴量少。固定吊绳时,先将上端固定于棚架上,下端拴上 10～15 厘米的小棍,将小棍插入距瓜秧根 10～15 厘米处的土中固定。随瓜蔓生长,将茎蔓呈"S"形直接缠绕在绳上即可。及时摘除老叶、病叶、卷须、雄花、过多的或畸形的雌花或瓜条,并去除根瓜以下侧蔓,中上部侧蔓留 1 个瓜在瓜上留 1～2 片叶摘心。主蔓长至架顶时及时摘心,促结回头瓜。结果中后期应摘除大部分枯黄老叶,以利通风透光,减少病害发生。及时采收根瓜,防止赘秧。

12. 大棚秋延后黄瓜栽培季节及关键技术是什么?

塑料大棚秋延后黄瓜栽培一般7月中下旬播种,10月上旬扣棚膜,11月下旬拉秧,生长期100～110天。前期处在高温多雨季节,中期由于受大棚性能的限制,随着温度的下降和光照减弱,不久便被迫拉秧,使盛瓜期大大缩短。另外,这茬黄瓜的病虫害很严重,雨季易发生霜霉病、疫病及枯萎病等,高温干旱年份病毒病严重。

因此,大棚秋延后黄瓜栽培关键技术为前期降温防雨涝或防干旱;后期加强防寒保温,尽量延长采收期,并注意及时防治病虫害。而生产中,前期降温和后期补光难度均比较大,也不经济,所以应注重品种选择和精细的栽培管理。

13. 大棚秋延后黄瓜栽培选用什么品种? 如何确定播种期?

大棚秋延后黄瓜栽培应选择结瓜性能好,苗期耐高温,中后期在较低温下结实力强的瓜码密、抗病性强、耐短期贮存的品种,如冀杂1号、博耐7、博耐3、津选冠丰、津优11、津春4、津春5、津优10、津优11、秋棚1号等品种。

大棚秋延后黄瓜如果播种过早,苗期赶上高温多雨,病害严重;前期产量虽高,但与露地秋黄瓜同时上市,既不利于延后供应,也影响产值。播种过晚,生长后期气温急剧下降,影响中后期产量,降低产值。适宜播种期主要根据当地自然气候条件和大棚内霜冻期往前推算3个月,如冀中南地区大棚霜冻期在11月中旬,应在7月中旬播种。另外,这茬黄瓜的盛瓜期应赶在露地秋黄瓜的尾和温室秋延后黄瓜的头之空当,以提高经济效益。

14. 大棚秋延后黄瓜栽培怎样进行土壤处理和整地施肥?

前茬作物收获后,应及时清除残枝落叶,并整地消毒,以减少病虫害。消毒可在整地前或整地后,采取棚内熏蒸消毒。扣严薄膜,密闭棚室,每667米^{2}用硫磺粉1～1.5千克,加80%敌敌畏乳油0.25千克,拌上适量锯末,分放数处于铁片上点燃后密闭棚室熏1夜,可消灭地上部分害虫及病菌。然后再密闭大棚利用太阳能高温灭菌灭卵5～7天。还要避免与瓜类蔬菜重茬,以防病虫害严重发生。

大棚秋延后黄瓜栽培施肥按"重头控尾"、"重基肥轻追肥",整地前施足基肥。中等肥力水平的菜地按每667米^{2}施用充分腐熟的圈肥5～8米^3、发酵好的优质鸡粪2～3米^3、三元复合肥30千克作基肥。播种前10多天深翻土壤,耱细耙平,使肥土均匀混合,然后整平地面,按大行距70厘米,小行距50厘米,高畦或起垄栽培。

15. 大棚秋延后黄瓜栽培种子处理和播种方法是什么?

大棚秋延后黄瓜苗期处于高温雨季,一般采用棚内直播,幼苗期扣顶部棚膜防雨即可。做小高畦或高垄,可按行距 60～65 厘米、株距 25 厘米开沟或挖穴,顺沟撒播或穴播。高温季节一般不催芽,应进行种子消毒。可采用温汤浸种后播种,或播前晒种 1～2 天干籽直播,每穴播种 2～3 粒,播后覆土 1.5 厘米并洇水,确保一次全苗,一般播后 3 天即可出苗。播前如果不能及时腾地,也可采取育苗移栽方式,幼苗 2～3 片真叶、苗龄 25～30 天为宜。直播每 667 米^2 用种量 250 克,育苗移栽每 667 米^2 用种量 150 克。秋延后黄瓜栽培生长期短(100 天左右),一般应比春茬黄瓜适当密些,每 667 米^2 栽植 4 000～5 000 株。播种后,傍晚可撒毒饵,以防地下害虫咬食种子。毒饵配制方法是用 90% 敌百虫可溶性粉剂 50 克,溶于 0.5 升温水中,拌炒香的米糠 5 千克。

16. 大棚秋延后黄瓜栽培怎样进行田间管理?

(1)**苗期管理** 幼苗第一片真叶展开后,应及时分期间苗、补苗,选留健壮、整齐、无病的秧苗。3 片真叶期及时定苗,每 667 米^2 留苗 4 000～5 000 株。为促进雌花分化和发育,在幼苗长至 1 叶 1 心时,早晨喷施 100 毫克/千克乙烯利溶液,隔2天喷1次,共喷3次。可配合喷施叶面肥,如高美施、喷施宝、糖氮液以及杀虫、杀菌剂等,以壮秧防病虫保苗。苗期要注意多次浅中耕,以利于松土保墒促扎根;雨后及时喷药防病保苗;遇高温干旱,适量浇小水降温,并及时中耕松土。

(2)**温、湿度管理** 大棚秋延后黄瓜栽培前期主要是降温散热,后期是防寒保温。播种至根瓜生长阶段,正是北方高温多雨季节,不利于黄瓜的正常生长发育,此期除棚顶扣膜外,大棚四周要全部放开,要进行日夜大通风,既可防雨防病又起到凉棚降温降湿作用。下雨时可将四周薄膜放下来,雨后立即打开。有条件的最好在棚室上覆盖遮阳网,每天早晚和阴雨天撤掉,高温烈日的中午覆盖。9月中下旬至10月上旬黄瓜进入结瓜盛期,自然温度比较适宜黄瓜的正常生长,可去掉遮阳网。白天棚内温度控制在25℃~30℃、夜间15℃~18℃,外界气温15℃以上时,大棚可敞开通风口。进入10月中旬后,外界气温逐渐降低,应逐渐减少通风量,白天温度保持25℃~30℃、夜间13℃~15℃。10月下旬完全密闭棚膜,加强保温防寒,只在中午开门或在顶部进行短时间的通风换气,夜间棚外四周围草苫,防寒流。当棚内温度降至10℃以下后,将茎蔓落架,在棚内加盖小拱棚,增温以延长结瓜期。夜温降至5℃时,黄瓜停滞生长,可全部拉秧。

(3)**肥水管理** 秋延后栽培的黄瓜生长前期正处在高温多雨季节,生长后期气温急剧下降,根据这一生长季节的特点,在肥水管理上要与春茬黄瓜有所区别。苗期应控水并中耕松土,促发根坐瓜。根瓜坐住后浇催瓜水,以后每隔5~7天浇1次水。结瓜期结合浇水每 667 米² 追施碳酸氢铵 15~20 千克,或尿素 10 千克。进入结瓜盛期,需大量追肥浇水,每隔 7~10天浇肥水 1 次,浇粪水和追施化肥间隔进行,注意粪水浓度不要太大,盛瓜期每 667 米² 追施磷酸二铵 15~20 千克、硫酸钾20 千克。后期可叶面喷施0.1%~0.2 %尿素+0.1%~0.2%硼砂+0.2%~0.3%磷酸二氢钾混合液。10 月份以后地温、气温都明显下降,要密闭大棚保温,一般不再浇水,以提高地温,延长黄瓜的采收期。

17. 小拱棚春早熟黄瓜栽培的特点是什么?应采取哪些栽培措施?

黄瓜与其他蔬菜不同,其茎呈蔓性,生长发育需要较大的空间,而小拱棚内空间小,撤棚时黄瓜已进入结瓜期,按正常管理此期早已引蔓上架。但由于小拱棚空间限制,只能让植株匍地生长。撤棚后引蔓上架生长,为不伤根系,土壤不能再进行任何中耕培垄等田间管理。为使小拱棚黄瓜春季早熟丰产,应采取以下几项措施。

(1)**施足基肥** 黄瓜是喜肥又不耐肥的作物,以少量多次追肥为宜,但在撤棚上架前,因空间限制难以进行多次追肥。因此,定植前要施足基肥,每 667 米² 施用腐熟的圈肥、马粪等 8~10 米³,或定植时在定植穴内施些腐熟捣细的大粪干。

(2)**中耕和追肥** 缓苗后选择晴暖天气揭膜中耕划锄。中耕划锄次数要多,一般 3~4 次。中耕划锄要求周到细致,行间株间都要划到,而且要一次比一次深,最好能达 10 厘米左右。中耕划锄应把土坷垃打碎,使土壤松软细碎。根瓜坐住后,结合中耕,在黄瓜植株附近开沟追施有机肥,每 667 米^2 施腐熟捣细的大粪干或鸡粪 1 000～2 000 千克,并混合 40～50 千克过磷酸钙。

(3)**撤棚前少浇水多理秧**　撤棚前,黄瓜植株匍地生长,浇水后棚内湿度太大,易诱发病害,干旱必须浇水时,要浇小水。植株匍地生长,要经常理顺茎的走向,掐掉卷须,使黄瓜植株茎叶空间分布合理,充分利用光能,并避免茎蔓互相缠绕,撤棚后无法上架。

(4)**撤棚后上架**　撤棚后应让黄瓜茎蔓立即上架,上架后加强绑蔓等调整植株管理。

(5)**注意防治病虫害**　危害黄瓜严重的霜霉病有可能未撤棚时就已发生,应注意及时防治。

18. 大棚黄瓜病虫害综合防治措施有哪些?

大棚黄瓜栽培,应采取以防治霜霉病为中心的病虫害综合防治措施。选用抗病优良品种;进行种子消毒、床土消毒、温室(育苗用)和大棚骨架空间消毒;培育壮苗;增施有机肥;采取高畦地膜覆盖栽培;加强温光肥水管理;掌握高温闷棚、通风排湿及生态防治技术;定期用药,特别是连阴雨天气用烟剂熏棚;加强预防工作,病害初发期及时用药防治,酌情应用高温闷棚技术。发现害虫及时用药除治,使病虫危害程度控制在最低水平。

七、日光温室黄瓜栽培技术

1. 什么是日光温室？什么是高效节能日光温室？

日光温室是指在寒冷季节，利用太阳辐射能，包括夜间的热能，维持蔬菜正常生长的温室。高效节能温室是指在严冬季节能够进行喜温果蔬反季节生产的日光温室。高效节能日光温室蔬菜生产，是以充分利用太阳辐射能为前提，通常不需要加温，但是不排除在遇到特殊寒流和极端低温的灾害性天气，进行临时人工辅助加温，以免冻害。

2. 影响日光温室采光的因素是什么？怎样提高采光性能？

影响日光温室采光的因素主要有纬度、季节、天气状况和建筑结构。前三者是自然现象，非人力所控制，温室建筑结构可以人为设计。温室结构不同，室内光照状况有很大差别。影响温室采光的主要因素有温室方位、屋面角度、建筑材料遮阴面大小、塑料薄膜透光能力及污染、水滴、老化粗度等。提高温室光照性能的方法有以下几种。

(1)**温室方位** 我国温室多采用坐北朝南,东西延长的方位,偏东、偏西均以5℃为宜,不宜超过10℃,否则影响光照时数。

(2)**前屋(坡)面角度** 前屋(坡)面角度大小与温室透光率有直接关系。采光面角度(前屋面与地面交角)越大,阳光越接近直射薄膜面,反射损失越小,透过率越高。

(3)**骨架材料粗细** 建筑材料断面越大光入射率越小,现有建筑材料中钢管作骨架,断面最小,遮光最少,木框(杆)次之,水泥预制件光入射率最差。

(4)**温室前屋面形状** 目前我国各地温室类型较多,温室跨度、后坡长度、后墙高度等规格不一。越冬茬黄瓜生产中应用的高效节能型日光温室跨度8～10米,高2.5～3米,下卧0.5～1米,后墙高1.8～2米,短后坡1.4～1.6米,前屋面为拱圆形或琴弦式,透光性能较好。

(5)**塑料薄膜** 北方日光温室,基本上都是采用塑料薄膜作为采光屋面的透明覆盖材料,选择使用好塑料薄膜会显著提高日光温室的采光效果。生产中一般采用无滴、防尘、抗老化、透光率高的聚氯乙烯(PVC)膜。在使用过程中,薄膜的污染、老化和水滴等均会降低透光率。

3. 影响温室保温的因素有哪些?

日光温室的热源来自太阳辐射,太阳以短波辐射的形式透入日光温室并且被室内地面、植物体、墙体以及室内空气、设备和其他构件吸收,只有少部分被反射到室外。短波辐射被吸收后,室内温度迅速提高,在设计温室时,应使温室白天吸收热能多,夜间失掉热能少,热量储存得多,夜间降温缓慢,以保证作物正常生长发育的需要。

温室内的太阳辐射热通常以下列几种途径向外散失:温室覆盖表面的贯流放热量;室内土壤中传热量;通过缝隙或通风口放出热量;水分蒸发、叶片蒸腾、凝结等潜热传热量;作物生长所需要的热量等。

4. 日光温室黄瓜栽培的主要茬口安排是什么?

日光温室黄瓜栽培主要有两大类型,即早春茬(冬春茬)和越冬茬(一年一大茬)。早春茬黄瓜栽培的目的在于提早上市,解决早春蔬菜淡季供应问题。日光温室早春茬黄瓜上市期比大棚黄瓜上市期提早 45～60 天。一般 12 月下旬播种,翌年 2 月中旬定植,3 月中旬开始采收,6 月下旬拔秧。早春茬黄瓜是北方地区栽培面积最大,效益最高的茬口。越冬茬黄瓜栽培一般 10 月上旬播种,11 月中下旬定植,12 月下旬始收,翌年 6 月份拔秧。越冬茬黄瓜生产经历一年之中日照最差、温度最低的季节,整个生育期达 8 个月以上,生产中技术难度较大,要求比较严格,但经济效益好。

5. 日光温室冬春茬黄瓜栽培如何进行品种选择和播种育苗？

日光温室冬春茬黄瓜育苗正值一年中最寒冷的季节，日光温室小气候低温高湿，特别是连续阴雨雪天气。因此早春栽培的黄瓜品种必须具备耐低温弱光的特点，适应日光温室的小气候环境。同时早熟性好，要求第一雌花节位低，瓜码密，单性结瓜能力强。还应具有较强抗病能力。如津优 3 号、中农 21 号、中农 27 号、津优 35 号、冀美福星等品种。

日光温室早春茬黄瓜栽培多采用嫁接育苗，播种期依据定植期向前推加苗龄计算。定植期主要依据日光温室设施的性能、当地气候及当年气候情况而定。华北地区节能日光温室定植期一般在 2 月上中旬，条件差的温室可推迟到 2 月下旬至 3 月上旬。据此推算，日光温室冬春茬黄瓜栽培，一般 12 月下旬至翌年 1 月上旬在日光温室播种育苗，采用嫁接育苗技术，利用黄籽南瓜作砧木，黄瓜、南瓜可同时播种，或黄瓜早播 1～2 天。为提高温度，苗床可铺设电热线（嫁接及苗床管理参考育苗部分）。

6. 日光温室冬春茬黄瓜定植前如何整地施肥？

日光温室冬春茬黄瓜栽培要施足基肥，基肥应以腐熟的秸秆堆肥、牛马粪、鸡禽粪、猪圈粪、粪稀（粪稀宜在扣膜前灌施)及废弃食用菌培养料等有机肥为主。每 667 米² 施有机肥 3～5 米³、过磷酸钙 100 千克或磷酸二铵 30～50 千克、生物肥 40～50 千克。基肥多时宜撒施,基肥较少时可 2/3 撒施,1/3 沟施。基肥地面撒施后深翻 2 遍,再按行距开沟,将剩余肥料施入沟里,与土充分混匀。整平整细后做高垄,垄高 15 厘米、上宽 70 厘米、下宽 80 厘米,垄距 80 厘米,每垄栽 2 行,株距 25～30 厘米,每 667 米² 栽植 3300～3500 株。

7. 日光温室冬春茬黄瓜定植期怎样确定? 定植时应注意的问题是什么?

日光温室冬春茬黄瓜一般 2 月中下旬至 3 月上旬定植,具体定植时间应考虑日光温室内的小气候是否能满足黄瓜生长发育的要求。一般黄瓜根毛发生最低温度为 12℃,生产上掌握在距温室前沿 30～40 厘米处、10 厘米地温连续 3～4 天稳定在 12℃ 以上时定植。若定植后扣小拱棚或覆盖地膜,可在 10 厘米地温稳定在 10℃ 时定植。

定植宜选"阴尾晴头"天气的晴天上午进行。将秧苗按大、中、小分级,搬运到定植垄旁,从整个温室来看,大苗应放在东西两头和温室前部,小苗宜放在温室中间。从一行来看,大苗在前,小苗在后,一般苗居中,这样有利将来秧苗生长整齐一致。

定植可按株距开穴或按垄开沟,在穴内或沟里浇足定植水，水渗后栽苗封坑（沟）。黄瓜应浅栽，封土后苗坨与垄面持平即可，注意嫁接口应距地面 2 厘米，不能把嫁接口埋到土里。定植后及时覆盖地膜，也可先覆膜后定植。因为温室里光照是前强后弱，摆苗和栽苗时要掌握前密植后稀植，以使不同部位的秧苗获得基本相似的光照。

8. 日光温室冬春茬黄瓜栽培怎样进行田间管理？

（1）**苗期管理**　从定植后到心叶开始生长叫缓苗期，缓苗期室温要高，力争白天达到 35℃，夜间不低于 16℃。定植后 4～5 天心叶开始生长时，及时浇足缓苗水。之后控水蹲苗，以控为主，控中有促。根瓜开始膨大，即瓜长15 厘米左右时，蹲苗结束，浇第一水。这一水很关键，浇水早了易造成徒长，影响结瓜；晚了茎叶生长受到抑制。

（2）**结瓜期管理**

①**水分**　结瓜初期一般每隔 5～6 天浇 1 次水，浇水宜在晴天的早晨或上午进行。早春时，阴天、下午和晚上、中午，一般不浇水。4 月下旬以后气温高，已进入盛瓜期，一般每隔 3～4 天浇 1 次水，浇水宜在采瓜前的晚上进行，有利于增重和提高鲜嫩程度，采后浇水则易把秧上的嫩瓜顶掉。

②**追肥**　一般在根瓜膨大后开始追肥，每隔 10～12天追 1 次肥，每次每 667 米^2 施尿素 15～20 千克，或硝酸铵 20～25 千克，也可追施腐熟的人粪尿、饼肥等有机肥

料。掌握薄施勤施的原则。

③温度　合理掌握揭盖苫的时间,是防寒保温和提高温室光照状况的有效措施,揭盖苫时间应随季节和天气变化而定。实行四段变温管理,即午前为 26℃～28℃,午后逐渐降低至 20℃～22℃,前半夜降至 15℃～17℃,后半夜降至 10℃～12℃。夜温保持在 12℃左右,最低要确保夜温在 10℃以上。春季应早揭苫晚盖苫,以尽量争取较多的光照时间。

④通风换气　通风换气可调节室内空气的温、湿度和气体状况。冬季当室温比黄瓜所需适温高 2℃以上时,方可开天窗通风。开闭天窗时,应随着室内外气温的变化,由小到大,再由大到小,防止冷风直入,伤害植株。通风换气不但有排湿降温的作用,而且还可排出室内有害气体,并调节室内二氧化碳的含量。

⑤植株调整　当植株长至 30～40 节、龙头接近温室屋面时,可进行打顶,促进回头瓜生长。注意及时摘除老叶、病叶。

(3)结瓜后期管理　结瓜后期植株已衰老,管理上以促为主,防止早衰。要适当加大通风量,并逐渐过渡到昼夜通风,降低棚温。浇水次数也要相应减少,以 5～7 天浇 1 次为宜,控制茎叶生长,促使多结回头瓜。追肥以钾肥为主,适当补氮,叶面喷施 0.1%～0.2%尿素＋0.1%～0.2%硼砂＋0.2%～0.3%磷酸二氢钾混合液。由于后期营养不良,畸形瓜、苦味瓜开始出现,病害也随之发生。此期,黄瓜价格也较低,植株长势逐渐衰亡,若没有效益,要及时拉秧清园,翻地晒垡灭菌。

(4)**采收** 日光温室冬春茬黄瓜采收期在 3 月上中旬至 6 月上中旬。一般定植后 30～40 天进入始收期,根瓜必须及时采收,以免引起坠秧或导致中上部黄瓜化瓜。采瓜在早晨进行较好,为了保鲜,应在瓜筐内垫上塑料膜保湿。商品瓜采收标准为瓜条长 25～30 厘米,瓜柄保留 1 厘米左右。生产中应坚持每天采收,采收越勤,产量越高。日光温室冬春茬黄瓜,每 667 米^2 可采商品瓜 5 000～6 000 千克。

9. 日光温室越冬茬黄瓜生产应具备哪些基本条件?

越冬茬黄瓜栽培经历一年之中日照最差,温度最低的季节,利用日光温室进行越冬茬黄瓜生产是立足于不加温或基本不加温(有限度的临时性补温),因此对温室的建造和管理要求严格。日光温室墙体厚度一般要达到当地最大冻土层厚度的 1.5 倍,目前生产上多采用墙体厚 1 米以上、畦面下卧 0.5～1 米,并覆盖草苫、保温被等覆盖物的半地下式日光温室。无论采用什么结构形式的高效节能日光温室,都必须保证在严冬季节黄瓜生长对温度的最基本需要。在正常管理条件下,温室的最低温度不宜低于 8℃。在高寒和日照条件差的地区,可采取临时补温措施保证室内温度达到临界温度或略高出 1℃～2℃为宜。

10. 日光温室越冬茬黄瓜栽培怎样进行品种选择和确定播种期?

越冬茬黄瓜多采用嫁接苗,对接穗品种要求严格,要选择适宜越冬茬日光温室栽培特点的品种。所选品种应具有耐低温弱光,植株长势强,不易徒长,分枝少,雌花节位低,节成性好,瓜条品质高,高产抗病等特性。如冀杂 2 号、中农 19 号、津优 35 号、强大黄瓜王、博新、博纳等品种。

越冬茬黄瓜一般苗龄为 40 天,定植后约 35 天开始采收,从播种到采收需要 70 天左右。越冬茬黄瓜一般要求在元旦前后开始采收,春节前后进入产量的高峰期。由此推算,正常的播种期应在 10 月上中旬。此期播种有利于嫁接后伤口愈合,而且在严冬到来以前瓜秧已起身,为越冬抗寒及丰产奠定基础。为了提高冬前产量,降低越冬茬风险,也可把播期提前到 8 月底至 9 月上旬。但播种过早,棚内前期温度偏高,控制不好易造成幼苗徒长,抗逆性差;播种过晚,黄瓜幼苗及植株难以抵御 12 月份至翌年 1 月份的低温寡照恶劣天气危害。

11. 日光温室越冬茬黄瓜定植前应做好哪些准备?

日光温室越冬茬黄瓜定植前,一要施足基肥,原则是既要满足黄瓜长期结瓜对养分的需要,又不要过量以免产生肥害。可施充分腐熟的农家肥 3～5 米^3、鸡粪 2～3

米³、磷酸二铵 30～50 千克。施肥后深翻 30 厘米,整细耙平,做高 10～15 厘米、上宽 70～80 厘米的高畦,畦距90～100 厘米,大小行栽培,畦面覆地膜(或定植后覆地膜),有条件的应地膜下铺设滴灌管道。定植前 15～20天扣棚,定植前 7 天每 667 米² 棚室用硫磺粉 2～3 千克,加 80％敌敌畏乳油 0.25 千克,拌上锯末,分堆点燃,密闭棚室 1 昼夜,经通风无味后即可定植。也可定植前利用太阳能高温闷棚。扣棚时应注意在通风口设 20～30 目尼龙网纱密封,防止蚜虫、白粉虱进入。

12. 日光温室越冬茬黄瓜如何定植? 什么时间覆地膜最科学?

日光温室越冬茬黄瓜一般 11 月中旬定植,每高畦定植 2 行,在畦面开沟或挖穴定植,沟内或穴内浇足水,待水渗后放苗坨并封沟穴,株距 27～30 厘米,每 667 米² 栽3 300～3 500 株。注意黄瓜栽植要浅,嫁接口不能浸水,培土后保证嫁接口距地面 2 厘米以上。没有滴灌条件时畦面中间留暗灌沟,并保证暗灌水沟灌水顺畅。日光温室越冬栽培黄瓜需要覆盖地膜。过去人们习惯先覆膜后栽黄瓜,或定植后随即覆盖地膜,这 2 种做法实际上均不利于嫁接苗根系深扎,从而降低了植株抗寒耐低温能力。由于定植时地温还比较高,可不覆膜,定植后进行反复锄划,以促进根系深扎,以定植后 15 天左右覆盖地膜最科学。

13. 日光温室越冬茬黄瓜栽培温度如何管理？

日光温室越冬茬黄瓜栽培，温度管理非常重要，主要按以下 3 个阶段进行。

(1)缓苗期 定植后尽量提高室内温度，促进新根生长，以利于缓苗。一般以白天 25℃～28℃、夜间 13℃～15℃为宜，寒冷天气应加强保温覆盖。

(2)根瓜采收前 缓苗后，实行四段变温管理，即午前为 26℃～28℃、午后逐渐降低至 20℃～22℃、前半夜降至 15℃～17℃、后半夜降至 10℃～12℃。

(3)结瓜期 采用"四段变温"管理，午前保持 28℃～30℃、午后 22℃～24℃、前半夜 17℃～19℃、后半夜 12℃～14℃。后期加强通风，避免高温。

14. 日光温室越冬茬黄瓜栽培水分如何管理？

浇好定植水，缓苗水浇足后，适当控水保墒提高地温，促进根系发展。结瓜以后，严冬时节即将到来，水量要相对减少，浇水不当易降低地温和诱发病害。天气正常时，一般 7 天左右浇 1 次水，以后随天气越来越冷，浇水的间隔时间可逐渐延长至 10～12 天。浇水要在晴天的上午进行，这样一是水温和地温更接近，根受刺激小；二是有时间通过通风排湿，在中午强光下使地温得到恢复。

春季黄瓜进入旺盛结瓜期，需水量明显增加。此时浇水就不能只限于膜下的沟内暗灌,而是逐条沟都要浇水。浇水的间隔时间要随管理的温度不同而定,常规温度(白天25℃～28℃,不超过32℃,夜间14℃～18℃)条件下,一般4～5天浇1次水;管理温度偏高的,根据情况可以2～3天浇1次水。嫁接苗根系扎得深,不能像黄瓜自根苗那样轻轻浇过的办法,需要在间隔一定时间适当地加大1次浇水量,把水浇透,以保证深层根系的水分供应。

生产中浇水间隔时间和浇水量的具体调控,应根据黄瓜植株的长相、果实膨大增重和某些器官的表现来权衡判断。瓜秧深绿、叶片没有光泽、龙头舒展是肥水合适的表现;卷须呈弧状不垂,叶柄和主茎之间的夹角大于45°,中午叶片有下垂现象,是水分不足的表现,应选晴天及时浇水。

15. 日光温室越冬茬黄瓜栽培怎样施肥?

日光温室越冬茬黄瓜,结瓜期长达4～5个月,需肥总量多,但每次的追肥量又不宜过大。这是因为嫁接砧木南瓜根系吸肥能力强,吸肥范围广,一次施肥多了容易引起茎叶徒长。同时,冬季的一大段时间里,黄瓜的生长量不大,又不能多浇水,追肥量大时还易引起土壤浓度过大,形成浓度障碍。越冬茬黄瓜的追肥应按下面的规律进行:第一次摘瓜后追1次肥,每667米^{2}用硫酸铵20～30千克;低温期一般15天左右追1次肥,每次每667米^{2}追硫酸铵10～15千克;严冬时节要特别注意进行叶面追肥,可叶面喷施 0.1%～0.2% 尿素＋0.1～0.2% 硼砂＋0.2%～0.3% 磷酸二氢钾混合液,每隔 10 天喷 1 次,连续 3 次。叶面喷肥不可过于频繁,否则会造成药害和肥害;春季进入结瓜旺盛期后,追肥间隔时间要逐渐缩短,追肥量要逐渐增大,可结合浇水,隔一水追 1 次肥,每次每 667 米² 追施尿素 15～20 千克。也可水水带肥,但肥量应减半;结瓜高峰期过后,植株开始衰老,追肥也要逐渐减少,可隔 2 次水追 1 次肥,每次每 667 米² 追施尿素 10～15 千克。以促使茎叶养分向根部回流,使根系得到一定恢复,以延长结瓜期。

16. 日光温室越冬茬黄瓜栽培空气湿度的调节原则是什么?

日光温室越冬黄瓜栽培,空气湿度的调节原则是:嫁接后到缓苗期宜高些,空气相对湿度以达到 90% 左右为好。结瓜前适当高些,一般掌握在 80% 左右,以保证茎叶的正常生长。深冬季节空气相对湿度应控制在 70% 左右,以适应低温寡照的条件,并防止低温高湿条件下多种病害的发生。入春转暖以后,空气湿度要逐渐提高,盛瓜期要达到 90% 左右;此时,原来覆盖在地面的地膜要逐渐撤掉,而且大小行间都要浇明水。这是因为高温时必须高湿相配合,否则不利于黄瓜的正常生长和结瓜,还易造成高温危害。

17. 日光温室越冬茬黄瓜栽培通风管理技术要点是什么?

日光温室越冬茬黄瓜定植后的一段时间里要封闭温

室,保证湿度,提高温度,促进缓苗;缓苗后要根据调整温度和交换气体的需要进行通风。但随着天气变冷,通风要逐渐减少,并及时修复破损的棚膜口。冬季为排除室内湿气、有害气体和调整温度,也需要通风,但此期外温低,冷风直吹到植株上或通风量过大时,均易使黄瓜受到冷害甚至冻害。所以,冬季通风一般只开启上通风口,通风过程中要经常检查室温变化,防止温度下降过低。春季天气逐渐变暖,温度越来越高,室内有害气体的积累会越来越多,要求逐渐地加大通风量。可通腰风,不通底风,下雨时要立即封闭通风口。当外界夜温稳定在14℃～16℃时,可以彻夜进行通风,但要防雨飘入室内。日光温室黄瓜一直是在覆盖下生长的,一旦揭去塑料棚膜,生产即告结束。

18. 日光温室越冬茬黄瓜吊蔓需要注意什么问题?

栽培越冬茬黄瓜时,为了促进发育,保持根系旺盛的生命力,多是采取不打顶任其自然生长的方法。越冬茬黄瓜一般生长 40～50 节,因温室高度有限,生长一段时间就要把瓜蔓落下来。为了落蔓方便,应采用尼龙绳、布条等吊挂,这样可大大减少架材的遮阴。吊挂用的尼龙绳应在上部多留出一部分,以便落蔓时续用。

吊蔓、落蔓时操作要轻,一次下落不能过多,要使叶片在空间均匀分布,不互相遮挡,更不要损伤叶片。同时,还要摘除下部病黄叶、侧枝、卷须、雄花、畸形瓜和病瓜等。摘叶并不是一项必要的措施，生长比较好和比较完整的叶片一般不要轻易摘除，一次摘叶不应超过 2～3 片，以保证每株有 20 片左右的功能叶。

19. 日光温室越冬茬黄瓜采收期需要注意什么问题？

日光温室越冬茬黄瓜嫁接育苗时温度较低，日照较短，有利于雌花的分化，同时由于嫁接进行切口，使嫁接苗营养生长受到抑制，生殖生长得以发展。因此，嫁接苗往往雌花发生得早且多，而影响瓜秧生长。如果定植后又遇上低温连阴天气，这一情况会更加严重。在这种情况下，要果断及早采摘下部的瓜，必要时还要把一部分或大部分（有时是全部）的瓜纽疏掉，以保证瓜秧正常生长，为以后丰产打好基础。结瓜初期要适当早摘勤摘，严防瓜坠秧。进入低温寡照天气后，植株制造的养分有限，瓜坠秧的现象更容易出现，必须强调早摘勤摘。接近春节时采摘的瓜，可以采用保鲜办法进行贮藏，以便春节集中供应。春暖以后，更要勤摘早摘，充分发挥优良品种的增产潜力。

八、黄瓜病虫害防治技术

1. 黄瓜侵染性病害有哪些?

黄瓜侵染性病害是指由真菌、细菌、病毒、线虫等病原微生物对植株根、茎、叶、花、果等各部位侵染而产生的病害。由于黄瓜植株娇嫩,很容易受病原微生物的侵害,因此黄瓜侵染性病害较多。常见的有:猝倒病、立枯病、霜霉病、角斑病、灰霉病、黑星病、枯萎病、疫病、炭疽病、白粉病、缘枯病、菌核病、病毒病、线虫病等多种。黄瓜一旦遭受病害侵染,就会影响早熟性、丰产性,降低产量、品质和效益,严重时毁棚减产甚至绝收,造成极大损失。因此,在黄瓜生产中特别是保护地黄瓜生产中,应加强病害防治。

2. 黄瓜苗期猝倒病的危害症状、发病规律及防治方法是什么?

(1)危害症状 黄瓜猝倒病是冬春季育苗常见病害,主要发生在子叶展开至第一片真叶展开前,刚出土的幼苗或分苗、移苗后易发病。发病初期幼苗在靠近地表处的茎基部出现浅黄色水浸状病斑,病斑很快扩大绕茎一周,后期病部变成黄褐色,并迅速扩展缢缩成线状。病势发展很快,以至子叶还没萎蔫仍保持绿色时,幼苗便已倒伏死亡;并由中心病株开始向邻近植株蔓延,严重时引起成片幼苗猝倒死亡。有时,种子尚未出土子叶和胚轴即已腐烂。

(2)**发病规律** 黄瓜猝倒病是由腐霉菌侵染引起的真菌病害。病菌腐生性很强,可在土壤中存活多年。以卵孢子和菌丝体在土壤中的病残体上越冬。遇有适宜条件即可萌发产生孢子囊,以游动孢子或直接长出芽管侵入寄主。田间再侵染主要靠病苗的病部产生孢子囊及游动孢子,借灌溉水、粪肥和农具等传播。由于苗床温度较低、湿度过大或床土带菌而发病。地温10℃~16℃时,最适宜病菌生长。育苗期出现连阴天、低温高湿以及光照不足条件时,极有利于发病。

(3)**防治方法** 黄瓜猝倒病防治以加强苗床管理为主,药剂防治为辅。①播种前进行苗床和种子消毒,详见育苗技术相关内容。②加强苗床管理。苗床温度控制在20℃~30℃,地温控制在16℃以上。播种前或分苗时一次浇足底水,出苗后或分苗后尽量不浇水,以防床土低温高湿。苗期喷施植保素8000~9000倍液,可增强幼苗的抗病力。③药剂防治。发现病株应及时拔除带出田外,并把病苗及邻近病土清除,然后喷药,防止蔓延。可喷施25%甲霜灵可湿性粉剂800倍液,或64%噁霜·锰锌可湿性药剂500倍液,或72.2%霜霉威水剂400倍液,或15%噁霉灵水剂450倍液。药液喷布后,苗床撒干土或草木灰降低土层湿度。也可用铜氨合剂防治,方法是用硫酸铜 0.5 千克,加 0.5％氨水 10 升混合均匀,或用硫酸铜 0.5 千克,加碳酸氢铵 3.75 千克混合均匀,加水稀释成 1200～1500 倍液,施于苗床内。还可用 50％多•福可湿性粉剂 1 袋(20 克)拌细土 20 千克制成药土覆于病苗处。

3. 黄瓜苗期立枯病的危害症状、发病规律及防治方法是什么?

(1)**危害症状**　黄瓜苗期立枯病多在床温较高时或育苗后期发生,主要危害幼苗茎基部或地下根部。病初在茎部出现椭圆形或不规则形暗褐色病斑,逐渐向里凹陷,边缘较明显,扩展后绕茎一周,致茎部萎缩干枯,后瓜苗死亡,但不折倒。根部染病多在近地表根茎处,皮层变褐色或腐烂。病苗白天萎蔫,夜间恢复,经数日反复后枯死。早期与猝倒病不易区别,但病情扩展后,病株不猝倒,病部具轮纹或不明显的淡褐色蛛丝状霉,即病菌的菌丝体或菌核,病程较猝倒病发展慢。

(2)**发病规律**　黄瓜立枯病是由立枯丝核菌侵染引起的真菌病害。以菌丝体或菌核在土中越冬,腐生性较强,在土中可存活 2～3 年。菌丝能直接侵入寄主,通过水流、农具或带菌的有机肥传播。病菌发育适宜温度为 24℃,最高温度为 40℃～42℃,最低温度为 13℃～15℃,适宜的 pH 值为 3～9.5。播种过密,间苗不及时,温度过高,湿度较大,幼苗黄弱徒长易发病。

(3)**防治方法**　发病初期喷淋 15% 噁霉灵水剂 450 倍液,或 20% 甲基立枯磷乳油 1200 倍液,或 72.2% 霜霉威水剂 400 倍液。

4. 黄瓜幼苗根腐病的危害症状、发病规律及防治方法是什么?

(1)**危害症状**　主要侵染黄瓜幼苗根及茎部,初呈水浸状,后于茎基部或根部产生褐斑,逐渐扩大后凹陷,严重时病斑绕茎基部或根部一周,致使地上部逐渐枯萎。纵剖茎基部或根部,可见维管束变为深褐色,发病后期根茎腐烂,不长新根,植株枯萎而死。

(2)**发病规律**　病菌以菌丝体、厚垣孢子或菌核在土壤中越冬。病菌从根部伤口侵入,借雨水或灌溉水传播。高温高湿有利于发病,连作地、低洼地、黏土地发病重。

(3)**防治方法**　播种前进行床土消毒或种子消毒。发现病苗立即拔除,并喷洒 25% 甲霜灵可湿性粉剂 800 倍液,或 64% 噁霜·锰锌可湿性粉剂 500 倍液,或 75% 百菌清可湿性粉剂 600 倍液,或 40% 三乙膦酸铝可湿性粉剂 200 倍液,或 70% 丙森锌可湿性粉剂 500 倍液,或 69% 烯酰·锰锌可湿性粉剂 600~800 倍液,或 72.2% 霜霉威水剂 400 倍液,或 70% 代森锰锌可湿性粉剂 500 倍液,每平方米苗床用配好的药液 2~3 升,每隔 7~10 天喷 1 次,连喷 2~3 次。

5. 黄瓜霜霉病的危害症状、发病规律及防治方法是什么？

(1)**危害症状** 黄瓜霜霉病又叫跑马干。主要危害黄瓜的叶片，也可危害茎、卷须和花梗。苗期、成株期均可发病。苗期发病，在子叶上出现褪绿斑点，扩展后成黄褐色不规则病斑，湿度大时其背面产生灰黑色霉层，病情严重时，子叶变黄干枯。成株期多由中部叶片开始发病，逐渐向上、下部叶片扩展，后除顶部几片小叶外，整株叶片发病。发病叶片，初时出现水浸状浅绿色斑点，扩展很快，1～2天后因扩展受叶脉限制而出现多角形水浸状病斑。水浸状病斑开始黄褐色，湿度大时病斑背面出现灰黑色霉层。病重时，叶片布满病斑，病斑互相连片，致使叶片边缘卷缩干枯，最后叶片枯黄而死，叶片易破碎。发病特点是来势猛、传播快、发病重，2周内可使整株叶片枯死。

(2)**发病规律** 黄瓜霜霉病的传播途径主要是气流、风雨和人们的农事操作活动，通过植物的各种孔口侵染，如伤口、气孔或表皮，把病菌从发病植株传播给健康植株，引起病害大面积的发生。①品种抵御病害的能力差，易引起病害的发生。②较高的湿度是引起病害发生的主要原因，当空气相对湿度大于83％时，有利于病原孢子的生长和大量繁殖，引起病害的发生。温度在20℃～24℃时有利于病害的发生，温度高于30℃或低于15℃，不利于病原物的生长,会抑制病害的发生。③保护地浇水后不及时通风换气或栽植过密通风透光不良,使保护地湿度过高,叶面长时间结露水,利于病菌产生孢子囊和孢子囊的萌发侵入,极易导致病害流行。

(3)防治方法

①农业防治 一是选用抗病品种,提高植株的抗病性,如冀杂一号等品种。二是浸种催芽,培育壮苗。55℃水温汤浸种,0℃和25℃间隔变温催芽,大温差培育无病秧苗,减少病原。采用营养钵育苗,调节苗床温度使之有利于幼苗生长。移栽前进行低温炼苗,培育壮苗,增强抗病力。三是加强栽培管理,实行轮作倒茬。移栽前要施足基肥,增施磷、钾肥,深耕平整土地,做高畦,地膜覆盖栽培。定植后适量浇水,及时中耕,促进根系发育,使植株健壮。控制田间湿度,做到合理密植,生长前期应尽量少浇水,开花结果后,应增加浇水量,浇水量以土壤处于湿润状态为准,禁止大水漫灌。四是保护地生态环境调控。保护地夜间空气相对湿度多高于80%,清晨及时通风排湿降温,控制病害发生。通风口开启的大小,以清晨棚内温度不低于10℃为限。上午9时后棚内温度上升加速时,关闭通风口,使棚温快速提升至34℃,并尽力保持在33℃～34℃,以高温和低湿控制该病发生。下午3时通风,并逐渐加大通风口,加速排湿,只要室温不低于16℃要尽量加大通风口,温度低于16℃时,须及时关闭通风口进行保温。保护地黄瓜采用高温闷棚方法控制病害。在高温季节,如果黄瓜霜霉病发生并已蔓延,可进行

高温闷棚处理。在晴天的清晨先通风浇水、落秧,使瓜秧生长点处于同一高度,上午 10 时,关闭通风口,封闭温室,进行升温。注意观察温度(从顶风口均匀分散吊放 2～3 个温度计,吊放高度与瓜秧生长点相平)当温度达到 42℃时,开始记录时间,保持 42℃～44℃ 2 个小时后逐渐通风,缓慢降温至 30℃。可彻底杀灭黄瓜霜霉病菌与孢子囊,控制病害发生发展。

②药剂防治　一是保护地可选用烟雾法或粉尘法防治。烟雾法为在发病初期每 667 米² 用 45% 百菌清烟剂 200 克,分别放在棚内 4～5 处,用香或卷烟等暗火点燃,发烟时闭棚,熏 1 夜,翌日清晨通风,隔 7 天熏 1 次,连熏 2～3 次。该法可单独使用,也可与粉尘法、喷雾法交替轮换使用。粉尘法为在发病初期的傍晚,用喷粉器喷撒 5% 百菌清粉尘剂或 5% 春雷·王铜粉尘剂,每 667 米² 1 千克,隔 9～11 天再防治 1 次。二是发现中心病株后喷施 70% 乙铝·锰锌可湿性粉剂 500 倍液,或 72.2% 霜霉威水剂 800 倍液,或 58% 甲霜·锰锌可湿性粉剂 500 倍液,或 72% 霜脲·锰锌可湿性粉剂 500 倍液,隔 7～10 天喷 1 次,共喷 2～3 次。

6. 黄瓜枯萎病的危害症状、发病规律及防治方法是什么?

(1)危害症状　黄瓜枯萎病又称蔓割病、萎蔫病,俗称死秧。是多年连茬的保护地黄瓜常见病害。从幼苗到成株均可发病,以开花到结瓜期发病较重。发病初期下部叶片褪绿,沿叶脉出现网状鲜黄色条斑,白天萎蔫,夜间恢复,逐渐发展到上部叶,似缺水状,最后整株枯死。病株茎基部无光泽,稍黄,有时出现纵裂,分泌胶质物,高湿时长出粉白色或粉红色霉状物。主根或侧根呈暗褐色干腐。将下部病茎剖视,可见其维管束变黄褐色,这一特点可与疫病、蔓枯病、菌核病等其他萎蔫性病害相区别。

(2)**发病规律** 黄瓜枯萎病为尖镰孢菌黄瓜专化型病菌所引起的真菌性病害。病残体中的厚垣孢子在土壤和病残体上越冬,在土中可生存3～5年或更长。种子可以带菌,并远距离传播。土壤线虫可传播病菌,土壤和种子带病菌是初侵染的主要来源。从根冠或根伤口侵染,发病温度较高,地温15℃开始发病,最适病菌生长的温度是24℃～28℃,最高34℃、最低4℃。酸性土壤利于发病,适宜pH值为4.5～6。黄瓜重茬地、施用生粪、氮肥多、土壤水分忽高忽低以及发生线虫、地下害虫的地块发病重。通风不良、地温高的日光温室、塑料大棚发病重。

(3)**防治方法**

①选用抗病品种 不同品种抗性有差别,选用抗病品种可起到事半功倍的作用。河北省农林科学院经济作物研究所培育的冀杂一号品种适宜春秋大棚种植,抗黄瓜枯萎病、霜霉病等病害。

②种子消毒 可采用温汤浸种;也可用有效成分0.1%的多菌灵盐酸盐(防霉宝)浸种1～2小时,或50%

多菌灵可湿性粉剂 500 倍液浸种 1 小时，或 40％甲醛 150 倍液浸半小时，冲洗干净后催芽。还可用 50％多·菌灵可湿性粉剂，以种子重量 0.3％的药量拌种。

③土壤消毒　育苗宜选择无病原菌的新土作床土，采用穴盘或营养钵育苗。露地栽培采取高畦直播，以尽量减少伤根。用菜园土作床土时应进行消毒，每立方米床土可用 50％多菌灵可湿性粉剂 100 克处理消毒。还可用 50％甲基硫菌灵可湿性粉剂 1 千克混土 50 千克配成药土撒在定植沟内消毒。保护地还可利用暑期高温季节耕翻土壤后密闭温室或大棚 10～15 天，利用太阳能提高温度，进行土壤消毒。

④嫁接育苗　黄瓜枯萎病是土传病害，多年连作发病严重。一旦发病人们常用灌根方法防治，费工费时，效果不佳。保护地黄瓜栽培采用白（黄）籽南瓜作砧木嫁接育苗，是解决黄瓜重茬发生枯萎病的最有效方法。

⑤加强栽培管理　加强栽培管理，使植株生长健壮，提高抗病性。采用高畦栽培，铺地膜或盖秸秆，加强通风降低地温，防止大水漫灌，保护好根系。田间发现病株枯死，要立即拔除深埋或烧掉。拉秧后要清除田间病株残叶，搞好田间清洁。枯萎病发生重的地块要实行 3～5 年轮作。

⑥药剂防治　发病初期或发病前可用 50％多菌灵可湿性粉剂 500 倍液，或 50％苯菌灵可湿性粉剂 1 500 倍液，或 50％甲基硫菌灵可湿性粉剂 1 000 倍液，或 70％敌磺钠可湿性粉剂 1 000～1 500 倍液灌根预防和治疗。每

隔 7～10 天灌 1 次,连灌 3 次,药剂要交替使用。

7. 黄瓜细菌性角斑病的危害症状、发病规律及防治方法是什么?

(1)**危害症状** 黄瓜细菌性角斑病是黄瓜生产中常见的病害。主要侵染叶片和瓜条,偶尔也在叶柄、卷须、茎上发生,从幼苗到成株期均可发病。子叶染病,初呈水渍状近圆形凹陷斑,后变黄褐色干枯。细菌性角斑病初期呈油浸状褪绿斑点,边缘有油浸状晕环,后期病斑呈多角形,淡黄色至黄褐色,形状稍小,容易破裂穿孔。茎部受害处变细,病斑两端呈水浸状,剖开茎部用手挤压,从维管束的横断面上溢出菌脓,用洁净的火柴棍蘸着菌脓可拉成丝状。可危害瓜条,使瓜条腐烂有臭味。潮湿时,叶背病斑处有滴状乳白色菌脓。没有维管束变褐和根部腐烂的现象。病斑以上茎叶首先萎蔫,而后该病迅速扩展,致使整株凋萎死亡。与黄瓜霜霉病的区别是:黄瓜霜霉病初期呈水浸状浅绿色斑点,后期病斑扩大呈多角形,黄褐色至褐色,形状较大,不穿孔,不危害瓜条。潮湿时,叶背病斑处生有灰黑色霉状物。

(2)**发病规律** 黄瓜细菌性角斑病是细菌侵染病害。病菌主要潜伏在种子内,种子带菌率为 2%～3%,病菌可在种子内存活 1 年;随病残体残留土壤中越冬,在土壤中可存活 3～4 个月。病菌一般由伤口或自然孔侵入。角斑病在 10℃～30℃ 条件下均可发生,最适温度为 24℃～

28℃,棚室高湿利于发病,昼夜温差大,空气相对湿度75%以上容易发病。

(3)防治方法 ①播前用 50℃～55℃温水浸种 15～20 分钟。育苗要用无病的床土,栽培实行 2 年以上轮作。管理上注意通风,控制空气湿度。②药剂防治。发现病株及时喷洒 72%硫酸链霉素可溶性粉剂 2 500～3 000 倍液,或 30%硝基腐殖酸铜可湿性粉剂 500 倍液。

8. 黄瓜灰霉病的危害症状、发病规律及防治方法是什么?

(1)危害症状 灰霉病是保护地黄瓜的主要病害,主要危害黄瓜的花、瓜、叶片、茎蔓。病菌主要从开败的雌花侵入,致花瓣腐烂,长出灰褐色霉层,进而向幼瓜扩展,使瓜条变软、腐烂和萎缩。初病部发黄,表面逐渐密生灰褐色霉状物。严重时瓜条腐烂脱落。烂瓜、烂花上的霉状物或残体落于茎蔓和叶片上导致叶片和茎蔓发病。茎蔓发病后,茎部腐烂,严重时茎蔓折断,整株枯死。叶片发病病斑先从叶尖发生,初为水浸状,后为浅灰褐色,病斑中间有时产生灰褐色霉层,常在叶片上形成大型病斑,并有轮纹,边缘明显,表面着生少量灰霉。

(2)发病规律 黄瓜灰霉病由真菌侵染引起,病菌随病残体在土壤中越冬,靠气流、雨水及农事操作等传播。发病的最适温度为 20℃～25℃,适宜的空气相对湿度为持续 90%以上。保护地内的低温高湿是诱发黄瓜灰霉病发病流行的主要原因。春季温度在 20℃ 左右，阴天光照不足、连阴雨时，或棚室内湿度大、结露持续时间长、通风不及时，适宜病害发生流行，病害重；若温度高于 30℃，则病害停止蔓延。黄瓜灰霉病一旦发生，迅速蔓延，短期内就暴发流行；黄瓜结瓜期是该病侵染和烂瓜的高峰期，更是药剂防治的关键期。

(3) **防治方法**

①**加强栽培管理**　保持棚面清洁，增强光照，及时通风。避免在阴雨天浇水和大水漫灌，最好选在晴天上午浇水，膜下暗灌，减少棚内湿度。

②**清除病残体**　及时摘除花瓣、病叶和病果，因为病菌主要侵染花瓣，如果能及时在花瓣凋萎前摘除，装在塑料袋内带出田外深埋或烧毁，可明显减轻发病。

③**生物防治**　用木霉素 300～600 倍液防治灰霉病效果较好，在无公害蔬菜生产中值得推广。

④**药剂防治**　根据病菌侵染规律，喷药要提前，黄瓜灰霉病的最佳防治期为发病初期即花果期。从花期开始喷药，一直到结瓜期，每隔 7 天左右用药 1 次，连续进行 2～3 次；选择不同施药方法以及不同药剂品种，交替使用，确保防治效果。药剂防治方法有烟熏和喷雾，烟熏效果优于喷雾，防治较为彻底。可选用 45% 百菌清烟剂或 15% 腐霉利烟剂，每 667 米^2 用 250～300 克，棚内放置 8～10 个点，于傍晚用暗火点燃后立即密闭烟熏 1 夜，翌日及时开门通风降低湿度。喷雾可选用 50% 异菌脲可湿性粉剂 1 000 倍液，或 50% 异菌·福美双可湿性粉剂 800

倍液,喷液量为每 667 米² 50 升,防治效果在 95% 以上。发病严重时需加大剂量,使药液喷到幼果上。

9. 黄瓜线虫病的危害症状、发病规律及防治方法是什么?

(1)**危害症状**　主要危害植株地下根部,发病后根系发育不良,主根和侧根萎缩、畸形,上面形成大小不等瘤状虫瘿,初呈白色串状,表面光滑,后期变褐,粗糙,剖开根结可见乳白色线虫。发病轻时,地上部植株无明显症状,随着根部受害的加重,表现为叶片发黄或枯焦,似缺水缺肥状,生长减缓,植株衰弱矮小,结瓜不良。严重的遇高温表现萎蔫以至枯死。重病株结果少,果小。

(2)**发病规律**　由南方根结线虫在黄瓜根部寄生致病。线虫成虫雌雄异形,幼虫细长蠕虫状。雄成虫线状,无色透明;雌成虫梨形,乳白色,多寄生于根部瘿瘤组织内。根结线虫多于土壤 5～30 厘米土层处生存,常以卵或二龄幼虫随肿瘤、根结、病残体留在土壤中越冬,可在土壤中存活 2～3 年。10 厘米地温 25℃～30℃、土壤相对含水量 40% 左右,病原线虫发育最快,10℃ 以下停止活动,温度 55℃ 时可在 10 分钟致死。发病地块如长期浸水可抑制土壤中根结线虫活动。沙土、沙壤土等利于线虫病发生,重茬地发病严重,土壤见干见湿发病重。土壤肥沃,幼苗健壮,肥水适宜,植株长势好,抗线虫能力强,则发病轻。线虫以卵或幼虫在土壤中越冬,靠病土、病苗、病残体、带病肥料、灌溉水、农具和杂草等传播。

（3）**防治方法**　目前大多数杀线虫药都是剧毒的，或污染环境，或有高残留，蔬菜生产中禁止使用。因此，必须坚持以农业、物理和生物防治为主。

①培育无病壮苗　选用抗病和耐病黄瓜品种，或选用抗线虫砧木品种，嫁接育苗。选用无病土，或对营养土消毒处理，培育无病壮苗，移栽时发现病株及时剔除。

②实行轮作　与黄瓜远缘作物如葱、蒜、韭菜、辣椒等蔬菜实行 2 年以上轮作，能有效地防止或减轻线虫病的发生，降低土壤中的线虫量，从而减轻对后茬作物的危害。发病重的地块最好与禾本科作物轮作，水旱轮作效果最好。

③深耕或换土　利用根结线虫主要分布在 3～9 厘米表层土中的特点，在夏季换茬时，深耕翻土 25 厘米以上，同时增施充分腐熟的有机肥，可减轻危害。把 25 厘米以内表层土全部进行换土，效果更好，但较费工。

④加强栽培管理　施用充分腐熟的有机肥，合理灌水，增强植株耐病力。黄瓜拉秧后，及时清除病残根，深埋或烧毁，铲除田间杂草，以减轻病害发生。下茬作物种植前，加种生育期短且易感病作物，如小白菜、菠菜等，待感染后再全部挖出棚外，然后在松动的地表进行喷药处理。

⑤高温季节土壤消毒处理　在夏季高温时节，在大棚内铺撒麦秸 5 厘米厚，再撒施过磷酸钙 100 千克左右，翻入地下，盖地膜，并密闭大棚，使棚温高达 70℃ 以上，10

厘米地温高达 60℃左右,闭棚 15～20 天。还可以采用烧烤土壤来消灭线虫,在夏季温室休闲期,将土壤深翻但不打碎坷垃,在地面铺放 15～20 厘米厚的麦糠或稻壳,如有废弃的糠醛渣盖到上面更好,四周放上细软的柴禾。点燃细软柴禾,保持暗火慢慢燃烧。发现明火可用土压住,1 个温室经过 3～4 天可燃烧完毕,此操作一定要留人看管,防止火灾。燃烧中可使 20 厘米地温达到 70℃以上,足以杀死线虫。高温处理后,特别是烧烤过的土壤,由于大量有机质和有益微生物也会受损失,因此,处理结束要抓紧施入腐熟农家肥,至少要提前 1 个月以上,使土壤有机质和有益微生物得以恢复。

⑥水淹法　在棚室高温休闲季节,做高畦并灌水,畦面保持水深 5～10 厘米 2 周,使线虫因缺氧而窒息死亡;同时密闭棚室覆盖地膜,可使 30 厘米内土层温度达 50℃以上。有地热条件时用高温水逐畦浇灌也可将线虫杀死。

⑦冷冻处理　在发病十分严重的温室,可在冬季适当休闲一茬,入冬前深翻,灌冻水,不覆棚膜,经越冬土壤冻融,可控制根结线虫的危害。

⑧药剂防治　可用 98% 棉隆颗粒剂进行土壤消毒。方法是每平方米土壤用药 30～45 克,可撒施、沟施、条施。施药后及时用旋耕机旋耕土壤深 20～30 厘米,使药剂与土壤充分接触,保护地内应注意确保立柱及边角用药到位。旋耕后立即用地膜覆盖密封。在地温 10℃～25℃条件下,10～15 天之后即可疏松土壤,使之充分换

气。但应注意不能翻动下层未处理过的土壤。待棉隆气味散尽后,即可定植;用石灰氮进行土壤消毒。方法是利用夏季休闲期,每 667 米² 用稻草或麦秸(最好粉碎、浸湿)650～1 300 千克,撒于地表,再撒施石灰氮 65～100 千克,然后用拖拉机或人工翻入土壤,浇水后用地膜覆盖密封,并将棚室封闭。20～30 天后揭去棚室及地面薄膜,10天后即可定植;用 1.8％阿维菌素乳油 1 000 倍液灌根,每株灌 250 毫升;用 10％噻唑磷颗粒剂在移栽前穴施,每667 米² 用药 2～2.5 千克。

10. 黄瓜靶斑病的危害症状、发病规律及防治方法是什么?

(1)危害症状　黄瓜靶斑病,菜农又称之为黄点病。以危害叶片为主,严重时蔓延至叶柄、茎蔓。叶正、背面均可受害。叶片发病,初为水浸状黄色小斑点,直径 1 毫米左右,对光看小斑点透明,后病斑扩展为近圆形,有的为多角形或不规则形。叶片正面病斑略凹陷,病斑易破裂,病健组织界限明显。病斑边缘颜色较深为褐色,中央颜色较浅呈灰白色,病斑整体看上去像一个靶子,有时病斑外有黄色晕圈,湿度大时出现黑色霉状物,呈环状。严重时多个病斑连片,呈不规则状,叶片干枯死亡。重病株中下部叶片相继枯死,造成提早拉秧。与霜霉病的区别是霜霉病病斑叶片正面褪绿、发黄,病健交界处不清晰,病斑很平;与细菌性角斑病的区别是,细菌性角斑病叶背面有白色菌脓形成的白痕,清晰可辨,两面均无霉层。

(2)发病规律 黄瓜靶斑病是由黄瓜靶斑病菌——半知菌的棒孢菌引起的病害,病菌主要以分生孢子或菌丝体在土壤中的病残体上越冬,极少数情况下也可产生厚垣孢子及菌核越冬。翌年春天产生分生孢子通过气流或雨水飞溅传播,进行初侵染和再侵染。温度 20℃～30℃,空气相对湿度 90% 以上,病菌侵入后一般 6～7 天发病。温度 25℃～27℃ 和湿度饱和时,病害发生较重。温暖、高湿,或阴雨天较多,或长时间闷棚、叶面结露、光照不足、昼夜温差大等均有利于发病。近年来在温室、露地都有发生,且不断加重,成为黄瓜主要病害之一。

(3)防治方法

①适时轮作 与非瓜类蔬菜实行 2 年以上轮作,降低病原菌数量。

②种子消毒 该病菌在 55℃ 条件下 10 分钟致死,所以可采用温汤浸种的办法。种子用常温水浸种 15 分钟后,转入 55℃～60℃ 热水中浸种 10～15 分钟,并不断搅拌,然后让水温降至 30℃,继续浸种 3～4 小时,捞起沥干后置于 25℃～28℃ 条件下催芽,可有效消除种子内病菌。用温汤浸种并结合药液浸种,杀菌效果更好。

③加强栽培管理 及时清除病蔓、病叶、病株,并带出田外烧毁,减少初侵染源。实行高畦(垄)定植,地膜覆盖栽培,膜下滴管或膜下开沟暗灌。要小水勤灌,避免大水漫灌,以减少水分蒸发,控制空气湿度。注意通风排湿,增加光照,创造有利于黄瓜生长发育,不利于病菌萌

发侵入的温、湿度条件。

④药剂防治　发病前可用 0.5％氨基寡糖素水剂 400～600 倍液，或 70％甲基硫菌灵可湿性粉剂 600 倍液，或 80％代森锰锌可湿性粉剂 600 倍液喷雾预防。发病后用 25％嘧菌酯悬浮剂 1 500 倍液，或 25％咪鲜胺乳油 1 500 倍液，或 43％戊唑醇悬浮剂 3 000 倍液，或 40％腈菌唑乳油 3 000 倍液喷雾防治，每隔 7～10 天喷 1 次，连喷 2～3 次；发病严重的，加喷铜制剂，可喷施 64％氢氧化铜可湿性粉剂 1 500 倍液，或 30％硝基腐殖酸铜可湿性粉剂 600～800 倍液。用 20％噻唑锌悬浮剂 500 倍液＋72％霜脲·锰锌可湿性粉剂 800 倍液，或 20％噻唑锌悬浮剂 500 倍液＋72.2％霜霉威水剂 750 倍液防治黄瓜靶斑病具有显著效果。温室中也可选用 45％百菌清烟剂熏烟防治，用量为每 667 米^2 施用 200～250 克，每隔 7～10 天熏 1 次，连续 2～3 次。

11. 为什么黄瓜靶斑病发生严重而且很难防治？

黄瓜靶斑病是世界性病害，我国于 1992 年首次在辽宁发现，近年在全国各地蔬菜区普遍发生，菜农认为该病发病严重，而且很难防治，常造成极大损失。笔者根据近几年的试验调查分析认为，黄瓜靶斑病很难防治的原因主要有以下几种。

第一，黄瓜靶斑病由于发病流行的时间不长，广大菜农对该病认识不足，常不能准确诊断而盲目用药，达不到防治效果,则认为难以防治。同时,盲目用多种药剂防治病害,既增加了用药成本,又不利于无公害蔬菜生产的健康发展。

第二,靶斑病是真菌和细菌混合侵染引起的,单独预防真菌或细菌很难取得很好效果。

第三,靶斑病对目前一般真菌性药剂产生了很强抗药性。以链霉素为代表的细菌性病害治疗药剂目前抗性严重,而对细菌性病害有特效的铜制剂往往不能混用,且不安全。

12. 黄瓜蔓枯病的危害症状、发病规律及防治方法是什么?

(1)**危害症状** 黄瓜蔓枯病主要危害叶片和茎蔓。从叶片边缘发病病斑多呈"V"形或半圆形,从叶片内部发病病斑多呈近圆形。病斑呈黄褐色至褐色,后期易破裂,并出现许多小黑点(生长前期为分生孢子器,生长后期为子囊壳)。茎蔓受害出现椭圆形或梭形病斑,白色至黄褐色,病斑常开裂,病害严重时茎节变为黑色或褐色并折断。潮湿时可分泌雄黄色胶状黏液,干燥时病部黄褐色至红褐色,干缩纵裂呈乱麻状,表面散生许多小黑点,严重时茎蔓腐烂、死亡。该病有时与枯萎病不易区分,在实际病害诊断中可割断茎蔓观察维管束是否变为褐色,若变为褐色则为枯萎病,若不变色则为蔓枯病。

(2)**发病规律** 黄瓜蔓枯病的病原菌为半知菌门中

的西瓜壳二孢真菌。分生孢子器在叶片表面聚生,初为埋生后突破表皮外露,多为球形,有的扁球形。病菌主要以分生孢子器或子囊壳随病残体在土壤中越冬,也可在棚室架材上越冬,种子也能带菌传病。借助风雨及浇水传播,从植株伤口、气孔或水孔侵入。病菌喜温暖和高湿条件,土壤湿度大或田间积水,易发病。保护地通风不良、种植过密、连作、长势弱、光照不足、空气湿度高或浇水过多、氮肥过量或肥料不足,均能加重病情。

(3)防治方法

①农业措施 播种前进行种子消毒,温汤浸种 30 分钟。采取高畦(垄)栽培,膜下滴灌。加强棚室温、湿度调控,创造高温、低湿的生态环境条件,控制蔓枯病的发生与发展。温室内夜间空气相对湿度在 90% 以上时,应早上及时掀苦通风排湿,降低棚内湿度,并要尽力保持棚室温度在 33℃～35℃,以高温和低湿控制病害发展。下午 2 时后逐渐加大通风量,加速排湿。只要室温不低于 16℃ 就要尽量加大通风量,温度低于 16℃ 时,须及时关闭通风口进行保温。

②药剂防治 发病前可每 10～15 天喷洒 1 次 1:0.7:200 波尔多液进行预防。发病后可喷洒 25% 嘧菌酯悬浮剂 1 500 倍液,或 10% 苯醚甲环唑水分散粒剂 1 500 倍液,或 50% 甲霜·锰锌可湿性粉剂 500～600 倍液进行防治。保护地也可用 30% 百菌清烟剂每 667 米² 250 克熏烟,7～10 天施药 1 次,连续防治 2～3 次。

13. 黄瓜疫病的危害症状、发病规律及防治方法是什么？

(1)**危害症状**　黄瓜疫病是黄瓜生产中的主要病害之一,常造成黄瓜大面积死亡,对黄瓜生产威胁很大。黄瓜整个生长期均能受害,病斑可出现在茎部任何部位,甚至叶柄。幼苗感病时,多从嫩尖发生,初为暗绿色水渍状萎蔫、软腐,最后干枯秃尖。叶片上产生圆形或不规则形、暗绿色、水渍状病斑,边缘不明显,扩展很快,湿度大时腐烂,干燥时呈青白色,易破碎。茎基部感病,常造成幼苗死亡。成株发病主要在茎节部产生暗绿色水渍状病斑,病部显著缢缩,患部以上的叶片全部萎蔫,病株上往往有几处节部受害,最后全株萎蔫枯死。维管束不变色。卷须、叶柄的症状同基部,叶片的症状同苗期。瓜条受害,多从花蒂部发生,病部皱缩呈暗绿色软腐,表面长有灰白色稀疏霉状物,病果迅速腐烂。

(2)**发病规律**　黄瓜疫病是由黄瓜疫病菌侵染引起的真菌性病害。病菌以菌丝体、卵孢子或厚垣孢子随病残体遗留在土壤中越冬。菌丝体、卵孢子和厚垣孢子通过雨水、灌溉水传播。病菌发育的温度为 5℃～37℃,最适温度为 28℃～30℃。在适于发病的温度范围内,湿度大,降雨量多,是病害流行的决定性因素。雨季来得早,雨日持续久,降雨量大,则发病早,病情重,损失大。所以,田间发病高峰往往紧接在雨量高峰之后。土壤湿度大,地下水位高,地势低洼,雨后不能迅速排水,浇水过多或水量过大,田间潮湿,发病均重。老菜区,连作地,发病重。新菜区,轮作地,发病轻。平畦栽培比垄栽发病重。秋黄瓜晚播发病也重。播种带菌种子,也可引起田间发病。在北方以夏、秋黄瓜受害较重,在南方以春黄瓜发病较多。黄瓜疫病除危害黄瓜外,还能侵染葫芦、瓠子、菜瓜、冬瓜、西瓜等瓜类。

(3)防治方法

由于黄瓜疫病潜育期短,雨季发病蔓延快,应采用以栽培防病为主,结合选用抗病品种和及时药剂防治的综合防治措施。

①选用抗病品种和种子消毒　选用抗病品种,从无病种瓜上采种。种子消毒可用50％福美双可湿性粉剂拌种,每千克种子用药140克,拌匀。

②加强栽培管理和防涝控水　选择地势高燥,土地平整,排水良好的地块种植黄瓜。合理轮作,重病地与非瓜类作物轮作3～4年。北方地区可采用半高垄或小高畦栽培,南方地区可采用深沟高畦栽培。采用地膜覆盖,膜下滴灌。增施基肥,并注意氮、磷、钾肥配合使用。多雨季节,及时排除田间积水。

③药剂防治　发病前加强检查,一旦发现中心病株,摘除病叶,立即喷药,以后每隔5～7天喷1次,连续喷2～3次,并注意雨后补喷。药剂可用75％百菌清可湿性粉剂500～700倍液,或50％克菌丹可湿性粉剂500倍液,或1∶0.5～0.8∶240～300波尔多液。为了提高防

效,除植株喷药外,还可结合地面洒药。地面洒药可用
1:1:200 波尔多液,或石灰水 100 倍液,雨季到来之前
洒第一次,以后每次浇水或大雨后洒药 1 次,共喷洒 4~5
次,注意不要将石灰水洒在黄瓜植株上。

14. 嫁接黄瓜根腐病的危害症状、发病规律及防治方法是什么?

(1)**危害症状** 近年来在嫁接黄瓜生产中根腐病发
生较重,多发生在利用黑籽南瓜嫁接的黄瓜生产田中。
在黄瓜开始采收前生长正常,开始采收后开始发病。用
作砧木的黑籽南瓜茎基部发生水浸状变褐腐败。发病轻
的外部症状不明显,砧木和接穗的维管束不变褐,但细根
变褐腐烂,主根和支根一部分变为浅褐色至褐色,严重的
根部全部变为褐色至深褐色,后细根基部发生纵裂,在不
整形的纵裂中间产生灰白色的带状菌丝块,在根部细胞
上可见密生的小黑点,是病原菌分生孢子器。接穗黄瓜
发病进程缓慢,初期叶片失去活力,中午前后发生萎蔫,
早、晚或阴天尚可恢复。持续数日后,下部叶片枯黄,并
逐渐向上扩展,侧枝和瓜条的发育受到抑制,致使全株死
亡。

(2)**发病规律** 嫁接黄瓜根腐病由拟茎点霉真菌侵染
所致。病菌发育适温 24℃~28℃,最高 32℃,最低 8℃。病菌
随病残体在土壤中越冬,翌年定植嫁接黄瓜易发病,10 厘米
地温 15℃~30℃可发病,20℃~25℃发病重。

(3)防治方法

①苗床消毒　在高温季节晴天密闭温室大棚,育苗床或育苗温室土壤覆盖地膜,利用太阳能高温闷杀进行土壤消毒,使床土在 50℃ 条件下处理 10 分钟,可杀灭土壤中大部分致病病菌,大大降低发病率;对发病重的地块或苗床可用 50% 多菌灵可湿性粉剂或 50% 敌磺钠可湿性粉剂或 70% 甲基硫菌灵可湿性粉剂等,以 1∶10 配成药土,播种或定植前按每 667 米² 用药土 1.25 千克进行土壤消毒处理。也可用 95% 噁霉灵可湿性粉剂 3 000 倍液进行床土处理。

②加强管理提高抗性　定植前测土配方施肥,增施有机肥。定植后,前期适当控制浇水,以提高地温,促进根系发育。结瓜后适当增加浇水次数并及时追肥,防止脱肥造成植株早衰。注意通风降湿。

③选用抗病砧木品种　如河北省农林科学院经济作物研究所与唐山恒丰种业选育的"绿洲天使"、"神根"等黄籽南瓜砧木新品种。

④药剂防治　发病初期用 50% 苯菌灵可湿性粉剂 1 500 倍液,或 10% 苯醚甲环唑水分散粒剂 1 500 倍液灌根,每株用药液 250 毫升。

15. 黄瓜炭疽病的危害症状、发病规律及防治方法是什么?

(1)危害症状　炭疽病是黄瓜的重要病害,主要危害叶片、茎蔓、瓜条。在苗期和成株上均可发病，生长中、后期发病较重。苗期发病，在子叶边缘出现黄褐色半圆形或圆形病斑，稍凹陷。茎基部受害，患部缢缩、变色，幼苗猝倒。成株受害时叶片上出现水浸状病斑，并逐渐扩大为近圆形棕褐色，外圈有一圈黄晕斑，典型病斑 10～15 毫米，病斑多时连片成为不规则的斑块，湿度大时病斑上长出橘红色黏质物，干燥时病斑中部有时出现破裂穿孔，甚至叶片干枯死亡。叶柄或茎上的病斑常凹陷，表面有时有粉红色小点，病斑由淡黄色变为褐色或灰色，病斑如蔓延至茎的一周，茎蔓即枯死。瓜条上染病初期呈淡绿色水浸状斑点，很快变为黄褐色，或暗褐色，并不断扩大且凹陷。湿度大时，病斑表面产生粉红色黏稠物，后期常开裂，病瓜弯曲变形。叶柄或瓜条上有时出现琥珀色流胶。

(2)发病规律　黄瓜炭疽病是由刺盘孢菌引起的真菌性病害。病菌主要以菌丝体和拟菌核在病残体上或土里越冬，附着在种子表皮黏膜上的菌丝体也能越冬。此外，病菌还能在温室、大棚内的旧木料上腐生。适宜发病的温度范围较大，在 10℃～30℃条件下均可发病。孢子萌发的适温为 22℃～27℃，24℃最适病菌生长，病菌在8℃以下、30℃以上停止生长。湿度大时发病严重，空气相对湿度在 95％以上，发展迅速，小于 54％时不发病。分生孢子主要靠雨水和地面流水的冲溅进行传播，所以一般贴近地面的叶片首先发病。

(3)防治方法

①选用无病种子及种子消毒 选用抗病品种,将种子用 55℃温汤浸种 20 分钟,或用 40％甲醛 100 倍液浸种 30 分钟,然后用清水冲洗干净再催芽。苗床土及育苗用的温室、农具和架材等进行消毒处理,培育无病壮苗。

②加强田间管理 采用地膜覆盖、膜下滴灌栽培;增施有机肥和磷、钾肥,经常进行叶面施肥,增强植株抗性;及时清除病叶和病株,换茬时要清除干净残茬;发病重的地块要进行 3 年轮作。及时通风换气,降低湿度,使室内空气相对湿度降至 70％以下,减轻病害发生。

③药剂防治 发病初期可用 70％甲基硫菌灵可湿性粉剂 500 倍液＋80％福美双可湿性粉剂 500 倍液,或70％代森锰锌可湿性粉剂 400 倍液,或 50％福·福锌 400 倍液,或 2％嘧啶核苷类抗菌素水剂 200 倍液喷雾,每 5～7 天喷洒 1 次,连喷 3～4 次,各种药剂交替使用。还可用 45％百菌清烟剂熏蒸。

16. 黄瓜病毒病的危害症状、发病规律及防治方法是什么?

(1)危害症状 病毒病的发生往往由一种病毒单独侵染或多种病毒复合侵染所致,其危害症状有多种表现形式,症状明显区别于其他侵染性病害。

①花叶病毒病 黄瓜花叶病毒病为系统侵染,幼苗期感病,子叶变黄枯萎,幼叶为深浅绿色相间的花叶,植

株矮小。成株期感病,新叶为黄绿相间的花叶,病叶小,皱缩,严重时叶反卷变硬发脆,常有角形坏死斑,簇生小叶。茎部节间缩短,茎畸形,不结瓜,严重时病株叶片枯萎。瓜条表面呈现出深浅绿色镶嵌的花斑,凹凸不平,停止生长,瓜条畸形。

②皱缩型病毒病 新叶沿叶脉出现浓绿色隆起皱纹,叶片变小,出现蕨叶、裂片;有时沿叶脉出现坏死。瓜面产生斑驳,或凹凸不平的瘤状物,瓜条变形,严重病株枯死。

③绿斑型病毒病 新叶产生黄色小斑点,以后变淡黄色斑纹,绿色部分呈隆起瘤状。瓜上生浓绿色斑和隆起瘤状物,多为畸形瓜。

黄瓜绿斑型病毒病分绿斑花叶和黄斑花叶 2 种。绿斑花叶型,苗期染病幼苗顶尖部的 2～3 片叶呈亮绿色或暗绿色斑驳,叶片较平,暗绿色斑驳病部隆起,新叶浓绿,叶片变小,引起植株矮化,叶片斑驳扭曲;瓜条染病,在瓜表面出现浓绿色花斑,有的产生瘤状物。黄斑花叶病型其症状与绿斑花叶型相近,但叶片上产生淡黄色星状疱斑,老叶近白色。

④黄化型病毒病 中、上部叶片在叶脉间出现褪绿色小斑点,后发展成淡黄色,或全叶变鲜黄色,叶片硬化,向背面卷曲,叶脉仍保持绿色。

(2)发病规律 黄瓜病毒病的病原主要是黄瓜花叶病毒(CMV)、甜瓜花叶病毒(MMV)、烟草花叶病毒(TMV)、黄瓜绿斑花叶病毒。黄瓜种子不带毒,病毒主要在多年生宿根植物上越冬,由蚜虫或其他昆虫传播。每当春季植物发芽后,蚜虫开始活动或迁飞,成为传播病毒病的主要媒介。田间农事操作和汁液接触进行多次再侵染。发病适宜温度20℃,气温高于25℃多表现隐症。高温、干旱、日照强的环境条件下发病重;此外,缺肥、缺水和管理粗放时,发病重。

(3)**防治方法** 加强田间管理,提高植株抗性。选用抗病品种,培育壮苗。及时追肥浇水,防止植株早衰。在整枝绑蔓、摘瓜时接触过病株的手和工具,要用肥皂水洗净。清除田间杂草,消灭蚜虫。田间覆盖银灰色避蚜纱网或挂银灰色尼龙膜条避蚜,或在棚室内悬挂黄板诱杀蚜虫,或喷洒杀蚜虫药剂,防杀蚜虫,切断传播途径。发病前或发病初期喷洒20%吗胍·乙酸铜可湿性粉剂500倍液,或1.5%烷醇·硫酸铜乳剂1000倍液,或NS-83增抗剂100倍液,或高锰酸钾1000倍液。每隔5~7天喷1次,连续2~3次。

17. 黄瓜黑星病的危害症状、发病规律及防治方法是什么?

(1)**危害症状** 黄瓜黑星病在整个生育期均可侵染发病,危害部位有叶片、茎、卷须、瓜条及生长点等,以植株幼嫩部分如嫩叶、嫩茎和幼瓜受害最重,而老叶和老瓜对病菌不敏感。幼苗染病,子叶上产生黄白色圆形斑点,子叶腐烂,严重时幼苗整株腐烂。侵染嫩叶时,起初在叶面呈现近圆形褪绿小斑点,进而扩大为2～5毫米淡黄色病斑,边缘呈星纹状,干枯后呈黄白色,后期形成边缘有黄晕的星星状孔洞。嫩茎染病,初为水渍状暗绿色菱形斑,后变暗色,凹陷龟裂,湿度大时病斑长出灰黑色霉层。生长点染病时,心叶枯萎,形成秃桩。卷须染病则变褐腐烂。幼瓜和成瓜均可发病。起初为圆形或椭圆形褪绿小斑,病斑处溢出透明的黄褐色胶状物(俗称"冒油"),凝结成块。以后病斑逐渐扩大、凹陷,胶状物增多,堆积在病斑附近,最后脱落。湿度大时,病部密生黑色霉层。接近收获期,病瓜暗绿色,有凹陷疮痂斑,后期变为暗褐色。空气干燥时龟裂,病瓜一般不腐烂。幼瓜受害,病斑处组织生长受抑制,引起瓜条弯曲、畸形。

(2)**发病规律** 黄瓜黑星病是由瓜疮痂枝孢菌引起的真菌病害。病菌以菌丝体附着在病株残体上,在田间、土壤、棚架中越冬,成为翌年侵染源,也可以分生孢子附在种子表面或以菌丝体潜伏在种皮内越冬,成为近距离传播的主要来源。黄瓜黑星病的发生、发展与环境条件有密切关系。主要靠雨水、气流和农事操作在田间传播。病菌从叶片、瓜、茎表皮直接侵入,或从气孔和伤口侵入,在棚室内的潜伏期为3～10天,在露地为9～10天。该病菌在空气相对湿度93%以上、日平均气温在15℃～30℃条件下较易产生分生孢子,并要求有水滴和营养。因此,当棚内温度在10℃以上,下午6时至翌日上午10时空气相对湿度高于90%,且棚顶及植株叶面结露是该病发生和流行的重要条件。温室黄瓜一般在2月中下旬开始发病,5月份以后气温高时病害依然发生。此外,重茬地,雨水多,浇水过多,通风不良,发病较重。

(3)防治方法

①**选择抗病品种** 品种对黑星病的抗性存着明显的差异,如津春1号品种有高抗黑星病的特性,中农7号、中农13号等保护地栽培的品种对黑星病也有一定的抗性。选用抗病品种并与非瓜类作物实行2～3年轮作效果良好。

②**种子消毒** 可用55℃温水浸种15分钟,或25%多菌灵可湿性粉剂300倍液浸种1～2小时,清洗后催芽,也可用种子重量0.3%的50%多菌灵可湿性粉剂拌种。

③**温室消毒** 定植前15天用硫磺熏蒸消毒,每667米² 温室用硫磺约1.5千克,锯末约3千克,分几处点燃,密闭熏蒸1夜,架材、工具也可放室内同时消毒,或用40%甲醛150倍液淋洗消毒。

④**土壤消毒** 育苗时按每平方米用25%多菌灵可湿性粉剂16克与10千克细土拌匀制成药土。播种时用药土底铺上盖。黄瓜定植前,每667米²用50%多菌灵可湿性粉剂1～1.5千克,加细土20千克,拌匀后,撒入地里。

⑤**药剂防治** 可选用50%多菌灵可湿性粉剂500倍液＋50%甲霜灵可湿性粉剂800倍液,或70%甲基硫菌灵可湿性粉剂1000倍液,或75%百菌清可湿性粉剂600倍液喷雾,每隔7～10天1次,连用2～3次。也可用45%百菌清烟剂熏烟,方法是下午封棚后,把百菌清烟雾片均匀放在距地面30厘米左右的铁丝支架上,点燃,每

667 米² 用药 50 克,7～10 天 1 次,连续 2～3 次。

18. 黄瓜白粉病的危害症状、发病规律及防治方法是什么?

(1)**危害症状**　黄瓜白粉病从幼苗到成株均可发生,是黄瓜的重要病害。发病部位主要是叶片,其次是叶柄和茎,瓜条一般不受害。发病初期叶面或叶背上产生白色近圆形的小斑点,环境适宜时,粉斑迅速扩大,连接成片,成为边缘不明显的大片白粉区,上面布满白色粉末状的霉。叶柄与嫩茎上的症状与叶片相似,但白粉较少。病害逐渐由植株下部往上发展。严重时,白粉变为灰白色,叶片枯黄、卷缩,但一般不脱落,严重时植株枯死。

(2)**发病规律**　黄瓜白粉病是由真菌侵染引起的病害,周年种植黄瓜的地区病菌以菌丝或分生孢子在寄主上越冬或越夏,子囊孢子及分生孢子主要借气流传播,其次是雨水。分生孢子萌发(发芽)最适温度为 20℃～25℃,发病最适温度为 16℃～24℃,最适空气相对湿度为 75% 左右。温室和大棚中,容易形成湿度较大,空气不流通的条件,适于白粉病的发生。管理粗放,施肥、灌水不当,尤其是偏施氮肥,容易造成植株徒长,枝叶过密,通风不良,株间湿度大,光照不足,植株长势弱,均有利于病害的发生。

(3)**防治方法**

①选择抗病品种　目前生产上主栽的品种除密刺类

黄瓜品种易感白粉病外,多数杂交种对白粉病都有一定的抗性。

②加强田间管理　培育适龄壮苗,控制好温、湿度,使植株生长健壮,增强抗病能力。

③温室消毒　黄瓜定植前用硫磺粉熏蒸,每 100 米³温室用硫磺粉 250 克、锯末 500 克装入花盆,分放数处。也可用 45% 百菌清烟剂,每 667 米² 250 克,分放室内 4~5 处。于傍晚密闭条件下点燃熏蒸 1 夜。熏蒸时,棚室内温度保持 20℃ 左右。

④药剂防治　可用 25% 三唑酮可湿性粉剂 1 000~1 500 倍液,或 75% 百菌清可湿性粉剂 600 倍液,或 50% 多菌灵可湿性粉剂 500 倍液进行喷雾。另外,用百菌清烟剂或三唑酮烟剂熏烟也有很好防效。

19. 黄瓜菌核病的危害症状、发病规律及防治方法是什么?

(1)危害症状　黄瓜菌核病主要危害瓜和茎蔓,其次是叶片和叶柄。幼苗期、成株期均可发生。幼瓜、成瓜均可受害。首先从残花部位染病,逐渐向上呈水浸状扩展软腐,引起全瓜腐烂,随后病部长满白色棉絮状菌丝和鼠粪状菌核。茎部发病时,多在离地 20~30 厘米处,茎部出现褪绿色水浸状斑,淡褐色软腐,表面着生白色菌丝层。以后病茎表面和髓部形成黑色菌核,最后病部以上茎蔓枯死。叶片发病多由发病残花掉落在叶片上后引起感染,叶片上形成大块褐色水浸状软腐斑,重时整叶腐烂。幼苗发病时,近地面幼茎基部出现水渍状病斑,很快病斑绕茎一周,造成环腐,幼苗猝倒。

(2)**发病规律**　黄瓜菌核病是由真菌引起的病害。菌核形状为圆形、块状、鼠粪状或不规则形。黄瓜菌核病病菌以菌核在温室、大棚土壤中越冬,翌年菌核萌发产生子囊盘,放出子囊孢子,借气流传播。首先由残花部侵入,引起黄瓜发病。菌核病在10℃～30℃条件下均能发生,但发病最适温度为20℃,空气相对湿度为95%～100%。温室黄瓜早春阴天较多,气温偏低,栽植过密,通风不良,湿度大的条件下发病较重。另外,土壤中菌核数量与菌核病直接相关,因此,连作会造成土壤中菌核积累,致使发病较重。

(3)**防治方法**

①**农业防治**　上茬作物拉秧后,深翻土壤20厘米,将菌核埋入深层,抑制子囊盘出土;同时,采用配方施肥技术,增强植株抗病力。

②**物理防治**　采用高畦地膜覆盖栽培,抑制子囊盘出土释放子囊孢子,减少菌源。

③**加强通风**　温室和大棚加强通风,降低湿度,空气相对湿度控制在80%以下可避免发病。但应防止出现温度偏低,湿度过大现象。

④**药剂防治**　发病初期可选用40%菌核净可湿性粉剂1 000～1 500倍液,或50%腐霉利可湿性粉剂1 000～1 500倍液,或50%异菌脲可湿性粉剂1 000倍液喷施。

也可用50％腐霉利可湿性粉剂10倍液涂抹病斑。喷药时,注意喷茎的基部、老叶、土表及下部瓜条。用药基本与灰霉病相同,防治菌核病时,也兼治了灰霉病。

20. 什么是黄瓜生理生病害?

黄瓜生理性病害是指植物生长发育过程中,由于环境条件的影响,使植物正常代谢受到破坏而表现出的生理障碍,轻者减产,重者全株死亡。

21. 冬春季黄瓜育苗期常见的生理病害有哪些? 如何防治?

(1)徒长　徒长是蔬菜育苗期常见的一种生理病害,可通过对光、温、湿、肥等适当调控加以预防。当秧苗生长拥挤时,应及时间苗、分苗。后期囤苗时,可扩大行距,防止过分遮阳,尽量增加光照。即使在阴冷天气,也要适当掀开覆盖物,使秧苗见光。对苗床温度,要按照秧苗各个阶段生长发育的需要严格控制。在发生徒长初期可通过控制浇水,喷施磷、钾肥或植物生长调节剂抑制生长。

(2)僵苗　苗龄过长,苗床长期低温或干旱,秧苗的生长发育受到抑制时,易形成僵苗。防止措施:给秧苗适宜的温度和水分条件,改控苗为促苗,促进秧苗迅速生长。采用冷床育苗时,尽量提高苗床气温和地温,适当地浇水、炼苗。对僵化秧苗,除了采取提高床温、适当浇水等措施外,还可喷施40%赤霉素水剂1 200～1 500倍液,具有显著刺激秧苗生长的作用。

(3)**闪苗**　秧苗长期处于阴雨寡照的天气中,突遇阳光强烈的天气容易出现光害,造成萎蔫即为闪苗;另外,过量施用氮肥也易造成氨气中毒而闪苗。预防措施有:尽量多见光,久阴突遇强光时注意遮阴,适时补水。

(4)**烤苗**　苗床温度过高、光照过强或叶片与透明覆盖物接触使得叶片极度失水所致。表现为叶缘变白、干枯,有时出现坏死斑点,所以当温度过高时应及时通风降温,避免叶片与覆盖物接触。

(5)**风干**　当秧苗一直生长在空气湿度较大的环境中,突然遭受大风吹袭就很容易发生萎蔫,如果萎蔫时间过长,叶片不能复原,最后呈绿色干死,这种现象称为"风干"。其防治措施是:苗床通风应由小到大,使秧苗有一个适应过程。有大风的天气,把覆盖物压好,防止被风吹跑。

(6)**寒根**　土壤温度过低所致,若土壤温度低于10℃就有可能发生寒根现象。表现为根系停止生长,颜色变褐,叶片变黄易萎蔫。解决办法是提高地温促新根发生。

(7)**沤根**　黄瓜育苗土壤温度过低(低于10℃)、土壤水分偏多、板结、透气差易发生沤根。表现为根系变黄,继而发生腐烂,叶色浓绿,叶片不展,部分叶片边缘或全部枯黄。遇到这种情况应采取措施提高地温,并中耕降湿。

(8)**烧根**　土壤水分太少、土壤溶液浓度过高或肥料不腐熟或不细碎导致根系水分外渗所致。表现为根系和叶片变黄,叶片、叶脉皱缩,秧苗不长。防止措施:使用充分腐熟的肥料,苗床土要过筛,播种前浇透水。

22. 黄瓜栽培中怎样预防氨气中毒?

生产中由于过量追施固体尿素、碳酸氢铵、硫酸铵等化肥,或大量施用未腐熟厩肥、人粪尿、鸡粪、油渣等有机肥,在分解过程中产生大量的氨气,氨气从叶片的气孔、水孔进入,对植株造成伤害。受害部分初期呈水浸状,逐渐呈白色、黄白色或淡褐色,叶缘呈"灼伤"状,植株叶片由下往上从叶缘开始呈青枯状枯干。严重时全株死亡。防治措施:有机肥要充分腐熟,避免有害气体挥发,施用化肥时要少施、勤施,最好事先化成水,随灌水施用。温室内可采用穴施的方法,施肥后要立即覆土和灌水通风。

23. 黄瓜栽培中怎样预防亚硫酸气体中毒?

黄瓜生产中亚硫酸气体主要来源是温室内煤火加温,特别是明火加温中燃烧不充分或烟道不畅通而产生。除此之外,施用未腐熟的有机肥等也易产生亚硫酸气体。亚硫酸气体从气孔进入叶片,受害叶片轻者叶背气孔多的部位出现褪色"烟斑",受害重者叶片两面失去光泽,呈水浸状白色烟斑。防治措施:温室内施用充分腐熟农家肥,煤火加温烟道要畅通,不要明火加温,注意通风换气。

发现中毒现象用 10% 石灰水,或石硫合剂 1 000 倍液喷洒受害植株,有一定效果。

24. 黄瓜栽培中怎样预防塑料薄膜挥发的有害气体中毒?

农用薄膜主要有聚乙烯和聚氯乙烯 2 种,这 2 种薄膜的主要成分对蔬菜无毒。但如果因使用的增塑剂或稳定剂不当,也会产生有害气体。如使用磷苯二甲酸二异丁酯作增塑剂时,在 10℃ 以上气温条件下挥发出的这种气体足以使温室蔬菜受害,温度越高挥发越多,危害越重。该气体从气孔进入后,叶缘与叶尖最先表现症状,幼嫩的心叶最先受害,叶片褪绿、变黄、变白,严重时叶片干枯直至全株死亡。防治措施:及时把有毒塑料薄膜换下来,不能及时撤换时应加强通风。

25. 为什么黄瓜不能与番茄同棚栽培?

每种作物生长发育的过程中,植株和根系都会产生一些分泌物。而黄瓜和番茄的分泌物,具有互相抑制生长发育的作用。如果二者同棚栽培,其生长发育都会受到严重的抑制,从而使双方的产量、品质和栽培效益降低;黄瓜和番茄均极易发生蚜虫,一旦一方遭受蚜虫危害,另一方便会很快被危害,从而造成严重的危害;黄瓜和番茄生长发育过程中,所需的温度条件不同,二者同棚栽培,温度管理上因不能互相兼顾而顾此失彼,从而使二者的产量、品质和经济效益都降低。

26. 引起黄瓜整株急速萎蔫的原因及预防措施是什么?

(1)发生原因

①根量少,吸水不足　自根苗在定植后,如果肥水使用过多(特别是速效氮肥),会使根量发生得少,根系分布浅。这种情况在植株小、通风量小时尚看不出异常,当植株高大、气温高、通风量大时,由于地下根量少,地上部蒸发掉的水分不能及时得到补充,地上茎叶在中午前后会突然出现凋萎死亡。

②嫁接质量差,器官连通不好　当黄瓜嫁接质量差或亲和力不好时,可能用于输送水分的导管不能完全连通。这一情况在植株小、通风量小时尚不能看出异常。当植株长大、温室通风量大时,地下根系虽然可以吸收到足够量的水分,但由于输水过程中间阻塞,而使地上茎叶蒸腾掉的水分不能及时得到补充,会在中午前后出现萎蔫死亡。其发生发展情况基本与根量少的自根苗相同。

③肥烧　基肥施用过量未腐熟的有机肥,特别是鸡粪、猪粪,或施化肥未与土壤充分混匀,造成苗茎灼伤和烧根,致使植株萎蔫死亡。

④低温连阴雾天或雪后骤晴闪死　低温连阴雾天或雪天骤晴,揭开草苫之后植株突然死亡。其原因虽有多

116

种说法,但是地温、气温不协调是造成植株急速萎蔫最直接的原因。露地栽培条件下,炎热的夏季,有时也会因为突然降雨而导致黄瓜植株出现急速萎蔫的现象。

(2)预防措施 ①嫁接育苗应选择完好的接穗,保证嫁接质量。②在低温期的晴天,湿度低、风大,蒸发量大时,要增加浇水量。③预防温室高温时期植株急速萎蔫,需要加强苗期管理,促进幼苗根系发达,培育壮苗,或覆盖遮阳网。

27. 黄瓜瓜秧坐不住瓜的原因是什么?

黄瓜茎叶生长正常,但植株上瓜纽很少。造成这种情况有以下几方面的原因:①品种选择不适。品种的遗传特性决定着瓜码稀密,要选用丰产品种或在苗期 2 叶 1 心时喷施乙烯利处理。②品种与栽培茬口不适。如有些越冬品种在冬春茬种植时,温度高了、肥水施用不当瓜秧易徒长,就坐不住瓜,生产中要注意选用适宜品种。③育苗环境条件不适。黄瓜属于短日照作物,温度低、日照短、光照弱有利于雌花的出现。遇到特好天气的暖冬,管理不当,形成了温度高、日照长、光照强的条件,不利于雌花的发生。

28. 怎样防止黄瓜化瓜?

黄瓜化瓜是光合产物不足引起的。结瓜期遇到连续阴天,光照不足,光合效率低,光合物质少,首先要保证地上部营养器官的养分,因此雌花和幼瓜得到的养分极少,甚至得不到养分而黄化、脱落称为化瓜。出现化瓜现象时,叶色变淡,叶片变薄。补救措施是叶面喷施1‰葡萄糖溶液。防止措施是加强养分供应,控制水分,增加光照,适当降低夜温,加大昼夜温差,可有效控制化瓜现象发生。此外,生殖生长过旺,瓜码太密,坐瓜太多,造成瓜间争夺养分也会造成化瓜,应注意及时疏瓜。

29. 黄瓜尖头瓜的形成原因及预防方法是什么?

(1)**发生原因** 黄瓜尖头瓜的症状为近肩部瓜把粗大,前端细,似胡萝卜状。一般单性结实(不经受精就结瓜)能力弱的品种,在不受精的情况下会结出尖头瓜。在瓜条发育前期温度过高,或已经伤根,或肥水不足均易发生尖头瓜。土壤积盐严重、植株已经衰老、强行过多地打叶或遭受病虫严重危害等也易发生尖头瓜。

(2)**预防方法** ①选用植株单性结果强的品种。②注意土壤的耕作,维持植株长势,提高叶片的同化功能。③养分管理要适宜,防止植株老化。

30. 黄瓜短形瓜的形成原因及预防方法是什么?

黄瓜短形瓜的症状为瓜条短而粗,所以有人称它为南瓜形黄瓜。这种现象多出现在日光温室黄瓜秋季生产中,尤其是日光温室黄瓜一年一大茬生产中。

(1)发生原因 ①根瓜留瓜节位过低、过早,植株底部的根瓜容易长成短瓜。②根系过浅或受伤生长发育不良,也容易造成瓜条短。③抑制剂使用过量,造成瓜条短。

(2)预防方法 ①秋季日光温室生产中,尤其是日光温室一年一大茬生产,黄瓜第一个瓜的最佳留瓜位置应为第七片叶左右。②控制浇水次数,促进根系深扎。日光温室一年一大茬黄瓜定植后,晴好天气条件下,浇水以12～15天1次为宜。结合使用生根护根性肥料和增施生物菌肥,改善根际环境,促进受伤的根系尽快长出新根,营养瓜条。③喷洒促进植株生长的调节剂,尽快恢复长势。可以选用1.8%复硝酚钠水剂6 000倍液混加1毫升赤霉素喷洒植株表面,促使其长势尽快恢复。

31. 黄瓜蜂腰瓜的形成原因及预防方法是什么?

在黄瓜瓜条的一处或多处出现像蜜蜂细腰似的症状。将收获的瓜剖开来看,即使是外表完全看不出有蜂腰形状,内部也会开裂而成空洞,或不开裂而产生褐变的小龟裂。发病重的从外表就能看出蜂腰形。高温干燥、低温多湿、多氮钾肥、缺钙肥等都会助长此症的发生。但引起此病的主要原因是对硼的吸收受到抑制,许多植物在缺硼时都易产生龟裂,这是因为硼素不足会使核酸代谢反常,引起细胞分裂异常,在子房的发育过程中产生了蜂腰现象。近年来由于土壤中硼素被作物吸收而没有很好的补充,所以生产中应增施硼肥和厩肥,注意各元素的平衡施肥。

32. 黄瓜粉白瓜的形成原因及预防方法是什么?

黄瓜果实表面出现白粉状的东西,在水中不脱落,揉擦可消失。该病在黄瓜生长发育旺盛时期不易发生。植株进入生育末期,长势变弱,生理功能下降,加上高温干燥的影响,易发生。粉白瓜往往膨大不良。预防方法是:注意在结瓜多的情况下,加强管理,不要让植株生长势变弱;定植前整地质量要好,让根扎得深,生长发育好,使植株生长势强盛。

33. 黄瓜畸形瓜的形成原因及预防方法是什么?

黄瓜畸形瓜的形成原因有 2 种:一种是机械畸形,由于支架、绑蔓等原因,使正在伸长的瓜条,受阻于叶柄、茎蔓或架杆上,不能下垂而造成弯曲。这种现象在绑蔓、缠蔓时稍加注意即能克服。另一种是生理畸形,阴天后骤晴,温度过高,水分、养分供不应求,授粉受精不良,都容易使瓜条形成弯曲瓜、尖嘴瓜、大肚瓜。预防办法是加强肥水管理,进行人工辅助授粉等。

34. 黄瓜苦味瓜的形成原因及预防方法是什么?

黄瓜苦味瓜是由于栽培中氮肥使用过量,磷、钾肥使用不足造成的,冬季及早春大棚低温条件也易形成苦味瓜;此外,苦味瓜的形成还受环境条件和品种的遗传因子控制。预防方法是:栽培中加大磷、钾肥的使用量,减少氮肥使用量;加强早春大棚的温度管理提高棚温;选用无苦味的黄瓜品种。

35. 黄瓜"花打顶"的症状表现、发生原因及防治方法是什么?

(1)**症状表现** 瓜秧生长停滞,龙头紧聚,生长点附近的节间呈短缩状,即靠近生长点小叶片密集,各叶腋出现小瓜纽,大量雌花生长开放,造成封顶,俗称黄瓜"花打顶"。

(2)**发生原因** 造成黄瓜"花打顶"的主要原因是不良的土壤环境条件,如施肥过量或不足,药害,温度过低或过高,苗床或土壤缺水等原因,造成黄瓜根系生长发育不良,或影响根系对水分、养分的吸收,使秧苗生长发育受阻,植株矮小,出现"花打顶"现象。

(3)**防治方法** 采用测土配方施肥,增施充分腐熟的有机肥,追肥少量多次;加强田间管理,可通过张挂反光幕、增加覆盖草苫厚度、临时生火等方法增温保温,或通过覆盖遮阳网等降温,保证幼苗生长所需的温度;及时补充水分,避免苗期处于生理干旱状态;及时摘瓜疏果,一旦出现了"花打顶"现象,将植株上的大、小瓜全部摘除或较健壮的植株保留 1～2 个瓜,以促进根系发育和植株复壮。喷施天然芸薹素 0.01～0.05 毫克/千克溶液,或 40%赤霉素乳油 4 000 倍液,每 7～10 天喷 1 次,直至瓜秧恢复正常生长。

36. 黄瓜低温危害症状及防治措施是什么?

(1)低温危害 黄瓜低温危害主要有寒害和冻害。不论是寒害或冻害都会给黄瓜生产带来巨大损失。

①冻害 冻害往往是突发性的,短时间的 0℃以下低温,会使黄瓜植株受冻,叶片和茎受冻后初期表现水渍状,轻者生长点能恢复,但生长缓慢,生育延迟,严重时全株茎叶迅速干枯死亡。温室育苗时,若突然开通风口,会使叶片受冻变白(即闪苗),也是冻害的表现。

②寒害 短期气温过低,叶片向下卷成瓢形或匙形;长期气温过低会发生寒害,叶片出现褪绿白斑,出现缓慢花打顶现象,导致花芽畸形,进而造成瓜条畸形。低温持续时间长,使黄瓜根系不发生新根,水分和养分不能吸收和向茎叶输送,老根迅速衰老发黄发锈,甚至死亡(即寒根),地上部子叶或真叶会逐渐干枯,最终导致死苗。即使地温回升后,植株能缓慢恢复生长,其生长速度也远不如未受低温影响的植株。久阴乍晴棚室内温度迅速回升

时,因低温时植株已发生寒根,水分和养分不能及时向上输送,而使地上部植株萎蔫死亡也是寒害的现象。

(2)**防治措施** ①选用耐寒品种,适期播种。②培育壮苗或采用嫁接育苗,加强种芽、苗期低温锻炼,增强植株抗寒能力。③加强棚室管理。提早扣棚烤地、多层覆盖、临时加温、喷抗寒剂等增温保温防寒防冻措施。④及时采取补救措施。如果凌晨发现叶片受冻害,但植株顶部未受冻害,不要突然升温,可在太阳出来前开棚通风,但不揭苫,也不要掀开小拱棚膜,使棚内温度在日出后缓慢回升,并喷洒 0.3%葡萄糖+0.2%丙三醇溶液,以减缓水分散失减轻受害程度。缓苗活棵后,每 667 米² 追施尿素 10 千克,并适量浇水促发棵。

37. 黄瓜高温危害症状及防治措施是什么?

(1)**危害症状** 白天高温会使黄瓜的光合作用受抑制,同时也增加了植株体的呼吸消耗,使净光合速率降低。夜间高温会引起植株徒长,同时也将增加黄瓜的呼吸消耗。高温影响黄瓜苗期花芽分化,雌花会相对减少;高温又强光,易造成叶片日灼伤,轻者叶缘被灼伤,重者半个叶片甚至整片叶被灼伤,受伤部分随之干枯。从而减少坐瓜,并出现畸形瓜。

(2)**防治措施** 夏季棚室内要注意通风,保持叶面湿度不过高;露地栽培时,高温时要注意浇水,保持较高的土壤湿度,以避免或减轻高温危害。

38. 黄瓜叶焦边的症状表现、发生原因及防治措施是什么？

(1)**症状表现**　黄瓜叶焦边,也叫枯边叶,整株叶片均可发生,但以中部叶片最重。发病叶片的大部分叶边缘或整个边缘,发生干枯,叶边缘干枯一般 2～3 毫米。

(2)**发生原因**　土壤盐分浓度过高,造成的盐害;在高温高湿情况下,突然大风,叶片失水过急所致;喷农药时,药液浓度偏大,药液过多,滴留于叶缘造成药害。受到化学伤害的叶片边缘一般呈污绿色,干枯后变褐。

(3)**防治措施**　建议采用测土配方施肥,适当减少化肥施用量,多施腐熟有机肥,以降低土壤溶液浓度;加强管理适当通风;用药浓度不能随意加大,喷药时叶面着药液量以叶面湿润而药液不滴淌为宜。

39. 黄瓜肥害的发生原因及预防措施是什么？

黄瓜肥害在露地、保护地种植过程中均有发生。施肥过多特别是鸡粪及磷钾复合肥过多,造成苗床或定植沟土壤含肥浓度过高,致使苗床幼苗心叶黄化,或定植后植株叶色浓绿,叶片加厚,不发棵。同时,还可诱发植株出现缺素症状,如缺铁症、缺硼症等。另外有机肥不腐熟或沟施磷、钾肥过多,还会造成烧根死苗。预防黄瓜发生肥害的措施是施用腐熟的有机肥,鸡粪用量不要太多,沟施粪肥和磷钾复合肥时,要用四齿耙搂2遍,使之与土壤充分混匀。

40. 黄瓜保护地栽培土壤次生盐渍化的形成、危害与预防措施是什么?

黄瓜保护地栽培,由于连年大量施入化肥和棚内高温地表水分大量蒸发,造成土壤矿质营养随毛细管水分上升积累于土壤表层,加上棚膜周年覆盖,室内土壤不受雨水冲淋,因此常出现土壤次生盐渍化现象。土壤次生盐渍化严重影响根系生长和对水分、养分的吸收,而且根系不下扎聚集在主根周围,从而造成植株矮小不发棵,叶片小叶色暗绿无光泽,开花结果少,瓜小且畸形瓜多,严重时瓜秧萎蔫。土壤盐渍化后,若撤棚改为露地种植,其盐渍障碍会更加明显,同时还会因为元素的拮抗作用诱发缺素症。预防措施:适量施用化肥,增施有机肥,深耕土壤,提高土壤缓冲能力;大量灌水压盐或在夏季休闲期撤膜雨水冲淋压盐;采用嫁接苗提高抗盐能力;棚室内覆盖地膜抑制地表水分蒸发,可起到一定的抑盐作用;轮作倒茬,种植结球甘蓝、茄子、番茄、芹菜等耐盐能力较强的蔬菜。

41. 黄瓜缺素症状、发生原因及预防措施是什么?

(1)**缺素症状** 黄瓜缺素症状主要表现在叶片上,以缺钙、硼、锌、钾、氮等元素较为常见。缺钙症主要是上部叶片叶缘变黄褐色,叶脉间黄化,逐渐枯死;缺硼症主要是心叶变褐色萎缩,但叶脉间不黄化;缺铁症主要是上部叶叶脉间黄化,逐渐全叶黄化;缺硫症主要是中部至上部叶黄化;缺锌症主要是中部叶脉间黄化,叶缘由黄色变成褐色;缺镁症主要是由下部叶片至中部叶片叶脉间黄化,但叶缘部分绿色;缺钾症主要是中下部叶片叶缘开始黄化,逐渐变为黄褐色;缺磷症多发生在低温期,主要症状是叶色浓绿,叶片小而硬化;缺氮症表现为从下部叶片开始发生叶脉间黄化,逐渐扩展到全叶黄化,进一步发展中上部叶片也逐渐出现黄化。

(2)**发生原因**　缺素症是由于土壤缺乏营养元素,或由于地温低、土壤干旱或渍水(缺氧)、土壤多氮或多钾、土壤酸性过重(导致缺钙)或土壤过碱(导致缺锌)等因素影响根系对矿质元素的正常吸收所致。

(3)**防治措施**　发现缺素症状后应及时土壤施用或叶面喷洒相应的营养元素。应喷施的叶面肥及浓度为:硼酸 $0.1\% \sim 0.2\%$、氯化钙 0.3%、硫酸亚铁 $0.1\% \sim 0.5\%$、柠檬酸铁 0.01%、磷酸锌 $0.1\% \sim 0.2\%$、硫酸镁 $1\% \sim 2\%$、磷酸二氢钾 $0.2\% \sim 0.3\%$、尿素 $0.2\% \sim 0.5\%$ 等。

42. 危害黄瓜的主要害虫有哪些?

危害黄瓜的主要害虫有蛴螬、蝼蛄、地老虎等地下害虫和蚜虫、白粉虱、美洲斑潜蝇等地上害虫。

43. 蛴螬的危害特点与防治方法是什么?

(1)**危害特点** 蛴螬为金龟子的幼虫,主要在地下危害,咬食发芽的种子或幼苗的根茎,使幼苗倒地死亡。其咬食的断口整齐,可与蝼蛄咬断症状相区别。咬断的伤口易侵入病菌,诱发病害。蛴螬的活动与土壤温度、湿度有关,地温达 5℃时升至表土层活动,13℃~18℃时活动最盛,28℃以上则往深土层中移动躲避高温。所以,春、秋多在表土层活动,夏季多在夜间和清晨上升至表土层危害,中午往深土层避暑。土壤湿润尤其是小雨连绵天气危害加重。棚室黄瓜育苗床施用生粪后危害重。

(2)**防治方法** 蛴螬种类多,在同一地区同一地块,常为几种蛴螬混合发生,世代重叠,发生和危害时期很不一致。因此,只有在掌握虫情的基础上,根据蛴螬成虫种类、密度、作物播种方式等,因地因时采取相应的综合防治措施,才能收到良好的防治效果。

①预测预报 调查和掌握成虫发生盛期,采取措施,及时防治。

②农业防治 不施未腐熟的有机肥料,精耕细作,及时镇压土壤,清除田间杂草。发生严重的地区,秋冬翻地可把越冬幼虫翻到地表使其风干、冻死或被天敌捕食或机械杀伤。

③药剂处理土壤 每 667 米² 用 50%辛硫磷乳油

200～250 克,加 10 倍的水,喷于 25～30 千克细土上拌匀制成毒土,顺垄条施,随即浅锄,或将毒土撒于种沟或地面随即耕翻,或混入厩肥中施用。也可每 667 米² 用 5% 辛硫磷颗粒剂或 5% 二嗪磷颗粒剂 2.5～3 千克处理土壤。

④**药剂拌种** 用 50% 辛硫磷乳油、水和种子按 1∶30∶400～500 的比例拌种,还可兼治其他地下害虫。

⑤**毒饵诱杀** 每 667 米² 用 25% 辛硫磷胶囊剂 150～200 克拌谷子等饵料 5 千克,或 50% 辛硫磷乳油 50～100 克拌谷子等饵料 3～4 千克,撒于种植沟中,亦可收到良好防治效果。

⑥**药剂毒杀** 施基肥前,每立方米粪肥用 50% 辛硫磷乳油 50 毫升,对水成 100 倍液喷洒毒杀虫卵。苗床发现蛴螬时用 90% 晶体敌百虫 800～1 000 倍液,或 50% 辛硫磷乳油 1 000 倍液,或 40% 乐果乳油 1 000 倍液灌根毒杀。

44. 蝼蛄的危害特点与防治方法是什么?

(1)**危害特点** 蝼蛄喜食播种后刚发芽的种子,危害幼苗,咬食幼苗根部,将地下嫩苗根茎取食成丝丝缕缕状,同时在苗床土表下开掘隧道,使幼苗根部脱离土壤,失水枯死。

(2)**防治方法** ①蝼蛄的趋光性较强,羽化期间,可用灯光诱杀,晴朗无风的闷热天气诱集量尤多。②红脚隼、戴胜、喜鹊、黑枕黄鹂和红尾伯劳等食虫鸟类是蝼蛄的天敌。可在苗圃周围栽植杨、刺槐等防风林,招引益鸟栖息繁殖,以利消灭害虫。③用40%乐果乳油或90%敌百虫原药0.5千克,加热水5升稀释,拌饵料50千克配成毒饵。毒饵配制和使用时要注意下列问题:所用饵料(麦麸、谷糠、稗子等)要煮至半熟或炒香,以增强引诱力;傍晚将毒饵均匀撒在苗床上。注意防止家畜、家禽误食中毒。

45. 小地老虎的危害特点与防治方法是什么?

(1)**危害特点**　小地老虎主要咬食黄瓜幼苗,或把叶片咬成孔洞状,或把嫩茎、叶咬断。夜间危害较重。

(2)**防治方法**

①**农业防治**　一是除草灭虫。杂草是地老虎产卵的场所,也是幼虫向作物转移危害的桥梁。因此,春耕前或在初龄幼虫期铲除杂草,可消灭部分虫、卵。二是用糖、醋、酒、水按6∶3∶1∶10的比例配制糖醋酒液,再加适量敌百虫诱杀成虫。三是用泡桐叶或莴苣叶诱捕幼虫,于每日清晨到田间捕捉;对高龄幼虫也可在清晨到田间检查,如果发现有断苗现象,拨开其附近的土块,进行捕杀。

②**药剂防治**　对不同龄期的幼虫,应采用不同的施药方法。幼虫三龄前采用喷雾、喷粉或撒毒土进行防治;三龄后,田间出现断苗,可用毒饵或毒草诱杀。喷雾可选

用50%辛硫磷乳油1 500倍液,或2.5%溴氰菊酯乳油800倍液,或40%氯氰菊酯乳油1 000倍液,喷药适期应在三龄幼虫盛发前。毒土或毒沙可选用2.5%溴氰菊酯乳油90～100毫升,或50%辛硫磷乳油500毫升加水适量,喷拌细土50千克配成毒土,每公顷用300～375千克顺垄撒施于幼苗根际附近。毒饵或毒草主要诱杀较大龄的幼虫,可选用90%晶体敌百虫0.5千克或50%辛硫磷乳油500毫升,加水2.5～5升,喷在50千克碾碎炒香的棉籽饼、豆饼或麦麸上,于傍晚在受害作物田间每隔一定距离撒一小堆,或在作物根际附近围施,每公顷用75千克;毒草可用90%晶体敌百虫0.5千克,拌切碎的鲜草75～100千克,每公顷用225～300千克。

46. 温室白粉虱的危害特点与防治方法是什么?

(1)**危害特点** 成虫和若虫吸食植株汁液,被害叶片褪绿、变黄、萎蔫,甚至全株枯死。此外,由于其繁殖速度快,种群数量庞大,群聚危害,并分泌大量蜜液,严重污染叶片和果实,往往引起煤污病的大发生,使黄瓜失去商品价值。

(2)**防治方法** ①黄板诱杀。黄色对白粉虱成虫具有强烈的诱集作用,在棚室内设置长条形黄板(表面涂一层黏油),诱集、粘杀成虫效果显著,每667米² 设置30～35块为宜。②在白粉虱发生较轻时,可以在棚室内按每株15～20头的量释放丽蚜小蜂,15天1次,连放3次,进行生物防治。③药剂防治。白粉虱发生较重时,可以在傍晚每 667 米² 用 22％敌敌畏烟剂 0.3 千克密闭棚室熏杀;也可以在早晨或傍晚用 10％吡虫啉可湿性粉剂 4 000～5 000 倍液,或 3％啶虫脒乳油 3 000～4 000 倍液喷雾防治。

47. 蚜虫的危害特点与防治方法是什么?

(1)危害特点　蚜虫分有翅、无翅两种类型,体色为黑色,以成蚜或若蚜群集于植物叶背面、嫩茎、生长点和花上,用针状刺吸口器吸食植株的汁液,使细胞受到破坏,生长失去平衡,叶片向背面卷曲皱缩,心叶生长受阻,严重时植株停止生长,甚至全株萎蔫枯死。蚜虫危害时排出大量水分和蜜露,滴落在下部叶片上,引起霉菌病发生,使叶片生理功能受到障碍,减少干物质的积累。蚜虫还可传播许多种植物病毒病,造成更大的危害。

(2)防治方法　①可选用 10％吡虫啉可湿性粉剂 1 500 倍液,或 50％抗蚜威可湿性粉剂 1 000 倍液喷雾防治。②在温室内可引入蚜小蜂进行生物防治。③成虫对黄色有较强的趋性,可用黄色板诱捕成虫并涂以黏虫胶杀死成虫。

48. 美洲斑潜蝇的危害特点与防治方法是什么?

(1)危害特点　美洲斑潜蝇以幼虫和成虫危害叶片,

幼虫取食叶片正面叶肉，形成先细后宽的蛇形弯曲或蛇形盘绕虫道，其内有交替排列整齐的黑色虫粪，虫道后期呈棕色的干斑块区，一般1虫1道，1头老熟幼虫1天可潜食3厘米左右。南美斑潜蝇的幼虫主要取食背面叶肉，多从主脉基部开始危害，形成较宽（1.5～2毫米）的弯曲虫道，虫道沿叶脉伸展，但不受叶脉限制，若干虫道连成一片形成取食斑，后期变枯黄。两种斑潜蝇成虫危害基本相似，在叶片正面取食和产卵，刺伤叶片细胞，形成针尖大小的近圆形刺伤孔，造成危害。刺伤孔初期呈浅绿色，后变白，肉眼可见。幼虫和成虫的危害均可导致幼苗全株死亡，造成缺苗断垄。成株受害，可加速叶片脱落，引起果实日灼，造成减产。

（2）**防治方法**　①与韭菜、甘蓝、菠菜等非寄主或美洲斑潜蝇非喜食作物进行轮作；适当稀植，增加田间通透性；在害虫发生高峰时，摘除带虫叶片销毁；黄瓜拉秧后，及时将枯枝干叶及杂草深埋或焚烧。将有蛹表层土壤深翻到20厘米以下，以降低蛹的羽化率。②在黄瓜1片叶上有幼虫5头时，掌握在幼虫二龄前（虫道很小时），喷洒1.8％阿维菌素乳油3 000～4 000倍液，或25％杀虫双水剂500倍液，或98％杀虫单可溶性粉剂800倍液，或50％环丙氨嗪粉剂2 000倍液，或5％氟啶脲乳油2 000倍液。

黄瓜细菌性角斑病病叶

黄瓜炭疽病病叶

黄瓜潜叶蝇危害叶片状

大棚通风口加防虫网

黄板诱杀害虫

责任编辑:张海莲　封面设计:苟静莉

黄瓜
周年生产关键技术问答

ISBN 978-7-5082-7821-6

定价:10.00元

ISBN 978-7-5082-7821-6

9 787508 278216 >